近海环境下装备典型失效与防护技术

Typical Failure and Protection Technology of Equipment in Offshore Environment

王卫国　孔子华◎主　编
姜会霞　魏保华◎副主编

北京理工大学出版社
BEIJING INSTITUTE OF TECHNOLOGY PRESS

版权专有　侵权必究

图书在版编目（CIP）数据

近海环境下装备典型失效与防护技术／王卫国，孔子华主编．--北京：北京理工大学出版社，2023.8
ISBN 978-7-5763-2718-2

Ⅰ.①近…　Ⅱ.①王…②孔…　Ⅲ.①近海-武器装备-研究　Ⅳ.①E925

中国国家版本馆 CIP 数据核字（2023）第 150350 号

责任编辑：徐　宁　　文案编辑：徐　宁
责任校对：周瑞红　　责任印制：李志强

出版发行 ／ 北京理工大学出版社有限责任公司
社　　址 ／ 北京市丰台区四合庄路 6 号
邮　　编 ／ 100070
电　　话 ／ （010）68944439（学术售后服务热线）
网　　址 ／ http://www.bitpress.com.cn

版 印 次 ／ 2023 年 8 月第 1 版第 1 次印刷
印　　刷 ／ 保定市中画美凯印刷有限公司
开　　本 ／ 710 mm × 1000 mm　1/16
印　　张 ／ 13
字　　数 ／ 230 千字
定　　价 ／ 69.00 元

图书出现印装质量问题，请拨打售后服务热线，负责调换

前　言

近海环境作为一种特殊环境，通常伴随着高温、高湿、高盐，对人员和装备都有诸多不利影响。近海环境下装备失效问题比较突出，带来的后果往往十分严重。本书结合近海大气环境下金属、橡胶等材料的耐腐蚀特性以及在不同腐蚀形式下、特殊环境下的耐腐蚀能力，针对可能造成装备失效的各类腐蚀形式提出了可预防失效发生的监测方法、检测技术与防护技术。

海洋大气腐蚀是材料在海洋大气温度、湿度和盐雾介质等作用下发生化学、电化学或物理相互作用的结果。近海环境中，金属、橡胶材料的腐蚀速率显著高于其他大气环境，通常会达到内陆大气腐蚀的 2~5 倍。高强度钢、不锈钢、铝合金等金属材料和橡胶材料等广泛用于电力、建筑、石油开采等行业甚至是军事领域的大型装备、设备，各类装备材料的腐蚀是一个值得重点关注的问题，其腐蚀特性是影响海洋装备运行的寿命、可靠性和技术性能的主要因素之一。因此，掌握装备典型结构材料在近海环境下的腐蚀规律及作用实质，通过降低材料与海洋环境之间的电化学反应速度、隔离材料及环境或减少腐蚀介质在材料与环境之间的交换等均可作为防止腐蚀的有效措施，有利于提高装备的环境适应性，具有显著的经济效益。

本书共分为 7 章。第 1 章失效分析概述，分别从失效的发展历程、学科分支与发展、失效分析的基本原理与方法、失效模式及原因等方面介绍了失效的基本概念，为后续章节奠定了理论基础；第 2 章近海大气环境概述，分别介绍了大气污染物、湿度和降雨、风、温度等大气环境中影响材料腐蚀率的主要因素以及大气腐蚀性数值算法等；第 3 章金属材料耐腐蚀的特性与性能，分别介绍了钢、铝合金、铜合金、镁合金、钛合金、铸铁等金属材料的耐腐蚀特性和特殊环境下的耐腐蚀能力；第 4 章橡胶材料耐腐蚀的特性与性能，主要通过不同的作用机理介绍了橡胶材料的耐腐蚀的特性、能力及特殊环境下的耐腐蚀性；第 5 章近海环境装备失效种类，通过介绍了均匀腐蚀、电偶腐蚀、缝隙腐蚀等近海环境下装备失效的多种不同腐蚀形式；第 6 章近海环境装备失效监测与检测技术，介绍了装备失效的监测和检测的方法及设备；第 7 章近海环境下装备防护技术，介绍了抑制剂、表面处理等防止装备材料腐蚀的防护技术与方法。

本书由王卫国、孔子华主编，姜会霞、魏保华担任副主编。王卫国负责全书的规划、设计以及第 6 章、第 7 章的编写；孔子华负责第 3 章、第 4 章的编写；姜会霞负责第 1 章、第 2 章的编写；魏保华负责第 5 章的编写。王卫国和孔子华负责了全书的统稿和校对工作。

由于作者水平有限，本书难免存在不妥之处，恳请读者批评指正，以便修改完善。

作　者

目 录

第1章 失效分析概述 ... 1
1.1 失效的基本概念 ... 1
1.1.1 失效 ... 1
1.1.2 失效分析 ... 2
1.2 失效的发展历程 ... 2
1.2.1 失效分析初级阶段 ... 2
1.2.2 近代失效分析阶段 ... 3
1.2.3 现代失效分析阶段 ... 4
1.3 失效的学科介绍 ... 5
1.3.1 主要分支学科 ... 5
1.3.2 与相关学科关系 ... 6
1.3.3 学科发展方向 ... 7
1.4 失效分析的基本原理与方法 ... 9
1.4.1 失效分析基本程序 ... 9
1.4.2 失效分析基本原则 ... 14
1.4.3 失效分析基本方法 ... 15
1.5 失效模式及原因 ... 22
1.5.1 失效模式 ... 22
1.5.2 失效原因 ... 22

第2章 近海大气环境概述 ··········· 25
2.1 大气环境 ··········· 25
2.2 大气污染物 ··········· 26
2.3 湿度和降雨 ··········· 28
2.4 风 ··········· 28
2.5 温度 ··········· 28
2.6 大气腐蚀性算法 ··········· 29
2.7 大气腐蚀管理 ··········· 30

第3章 金属材料耐腐蚀的特性与性能 ··········· 31
3.1 钢 ··········· 31
3.1.1 耐腐蚀特性 ··········· 32
3.1.2 耐腐蚀能力 ··········· 37
3.1.3 特殊环境下的耐腐蚀性 ··········· 40
3.2 铝和铝合金 ··········· 42
3.2.1 耐腐蚀特性 ··········· 42
3.2.2 耐腐蚀能力 ··········· 45
3.2.3 特殊环境下的耐腐蚀性 ··········· 47
3.3 铜和铜合金 ··········· 48
3.3.1 耐腐蚀特性 ··········· 48
3.3.2 耐腐蚀能力 ··········· 51
3.3.3 特殊环境下的耐腐蚀性 ··········· 52
3.4 镁和镁合金 ··········· 54
3.4.1 耐腐蚀特性 ··········· 54
3.4.2 耐腐蚀形式 ··········· 56
3.4.3 镁合金的腐蚀防护 ··········· 57
3.5 钛和钛合金 ··········· 58
3.5.1 合金和合金元素 ··········· 58
3.5.2 对各种腐蚀的耐受能力 ··········· 59
3.5.3 各种环境中的耐腐蚀性 ··········· 60
3.6 铸铁 ··········· 60
3.6.1 合金化的耐腐蚀性 ··········· 60
3.6.2 耐腐蚀形式 ··········· 61

3.6.3 各种环境中的耐腐蚀性 … 63
  3.6.4 铸铁的腐蚀防护 … 65

第4章 橡胶材料耐腐蚀的特性与性能 … 67
 4.1 耐腐蚀特性 … 67
  4.1.1 橡胶氧化机理 … 69
  4.1.2 橡胶热氧化性 … 71
  4.1.3 臭氧侵蚀弹性体的机理 … 77
 4.2 耐腐蚀能力 … 80
  4.2.1 抗氧化剂的作用机理 … 80
  4.2.2 抗臭氧剂的作用机理 … 86
  4.2.3 抗降解剂的作用机理 … 95
  4.2.4 防止弯曲裂缝的机理 … 101
 4.3 特殊环境下的耐腐蚀性 … 103
  4.3.1 稳定添加剂环境 … 103
  4.3.2 氧化介质环境 … 104
  4.3.3 铅基化合物环境 … 106

第5章 近海环境装备失效种类 … 109
 5.1 均匀腐蚀 … 109
  5.1.1 均匀腐蚀机理 … 109
  5.1.2 材料选择 … 110
  5.1.3 均匀腐蚀管理 … 110
 5.2 电偶腐蚀 … 112
  5.2.1 电偶腐蚀机理 … 113
  5.2.2 材料选择 … 114
  5.2.3 电偶腐蚀管理 … 119
 5.3 缝隙腐蚀 … 121
  5.3.1 缝隙腐蚀机理 … 121
  5.3.2 材料选择 … 121
  5.3.3 缝隙腐蚀管理 … 122
 5.4 点腐蚀 … 122
  5.4.1 点腐蚀机理 … 123

5.4.2 材料选择 ………………………………………………………… 124
5.4.3 点腐蚀管理 ……………………………………………………… 125
5.5 晶间腐蚀 ……………………………………………………………… 125
5.5.1 晶间腐蚀机理 …………………………………………………… 126
5.5.2 材料选择 ………………………………………………………… 126
5.5.3 晶间腐蚀管理 …………………………………………………… 126
5.6 脱合金腐蚀 …………………………………………………………… 126
5.6.1 脱合金腐蚀机理 ………………………………………………… 127
5.6.2 材料选择 ………………………………………………………… 127
5.6.3 脱合金腐蚀管理 ………………………………………………… 128
5.7 侵蚀腐蚀 ……………………………………………………………… 128
5.7.1 侵蚀腐蚀机理 …………………………………………………… 129
5.7.2 侵蚀腐蚀管理 …………………………………………………… 129
5.8 应力腐蚀开裂 ………………………………………………………… 129
5.8.1 应力腐蚀开裂机理 ……………………………………………… 130
5.8.2 材料选择 ………………………………………………………… 131
5.8.3 应力腐蚀开裂管理 ……………………………………………… 132
5.9 其他腐蚀形式 ………………………………………………………… 132
5.9.1 腐蚀疲劳 ………………………………………………………… 133
5.9.2 微动腐蚀 ………………………………………………………… 136
5.9.3 氢损伤 …………………………………………………………… 137
5.9.4 高温腐蚀 ………………………………………………………… 138
5.9.5 剥落 ……………………………………………………………… 139
5.9.6 微生物腐蚀 ……………………………………………………… 140
5.9.7 液态和固态金属脆化 …………………………………………… 150
5.9.8 熔盐腐蚀 ………………………………………………………… 151
5.9.9 丝状腐蚀 ………………………………………………………… 152
5.9.10 杂散电流腐蚀 …………………………………………………… 153
5.9.11 碳钢开槽腐蚀 …………………………………………………… 154

第6章 近海环境装备失效监测与检测技术 …………………………… 155
6.1 腐蚀监测方法 ………………………………………………………… 155
6.1.1 电化学阻抗谱 …………………………………………………… 156

6.1.2 电化学噪声 ·· 156
  6.1.3 零电阻测量 ·· 156
  6.1.4 薄层活化 ·· 156
  6.1.5 电场法 ·· 156
  6.1.6 化学分析 ·· 157
  6.1.7 声发射 ·· 157
 6.2 腐蚀监测设备 ·· 159
  6.2.1 电阻探针 ·· 159
  6.2.2 感应电阻探针 ·· 159
  6.2.3 线性极化电阻 ·· 159
  6.2.4 氢探针 ·· 159
 6.3 腐蚀检测方法 ·· 160
  6.3.1 目视检查 ·· 161
  6.3.2 增强型目视检查 ·· 162
  6.3.3 液体渗透检查 ·· 162
  6.3.4 磁粉探伤检查 ·· 162
  6.3.5 涡流检测 ·· 162
  6.3.6 超声波检测 ·· 162
  6.3.7 射线照相技术 ·· 163
  6.3.8 热成像技术 ·· 163
 6.4 腐蚀检测设备 ·· 164
  6.4.1 移动式自动超声波扫描仪 ·· 164
  6.4.2 磁光涡流成像 ·· 164

第7章 近海环境下装备防护技术 ··· 165
 7.1 抑制剂 ·· 165
  7.1.1 钝化抑制剂 ·· 166
  7.1.2 阴极抑制剂 ·· 166
  7.1.3 有机抑制剂 ·· 166
  7.1.4 沉淀抑制剂 ·· 167
  7.1.5 气相抑制剂 ·· 167
  7.1.6 抑制剂化合物 ·· 167
 7.2 表面处理 ·· 169

7.2.1 转化涂层 …………………………………………………………… 169
7.2.2 阳极氧化 …………………………………………………………… 169
7.2.3 喷丸强化 …………………………………………………………… 169
7.2.4 激光处理 …………………………………………………………… 170
7.3 涂层和密封剂 …………………………………………………………… 170
7.3.1 金属涂层 …………………………………………………………… 170
7.3.2 陶瓷涂层 …………………………………………………………… 172
7.3.3 有机涂层 …………………………………………………………… 172
7.3.4 涂层工艺 …………………………………………………………… 179
7.4 阴极保护 ………………………………………………………………… 186
7.5 阳极保护 ………………………………………………………………… 189

参考文献 …………………………………………………………………… 191

第 1 章

失效分析概述

我国的失效分析从 20 世纪 70 年代开始，得到了长足的进步和发展。无论是组织管理、实际的分析操作技术、理论研究及普及教育都取得了很大的进步和提高。装备作为军队日常训练，完成军事任务的物质基础，对装备进行失效分析，对于确保其处于较高的战备水平具有重要意义。

1.1 失效的基本概念

装备失效是装备在服役过程中需要重点关注的内容，失效分析也是经常开展的一项重要工作。要开展装备失效分析相关研究，必须科学分析"失效"和"失效分析"的基本概念。

1.1.1 失效

装备及其部件在使用过程中，由于应力、时间、温度和环境介质及操作失误等因素的作用，失去其原有功能或原有功能退化，以致装备不能正常使用，无法发挥其作战效能。这种丧失其规定功能或原有功能退化以致不能正常使用的现象称为失效。装备及其构件除了早期适应性运行及晚期耗损达到设计寿命的正常失效外，在运行期间，装备及其构件在何时、以何种方式发生失效是随机事件，无法完全预料。装备及其构件失效有多种表现形式。例如，燃气轮机在运转中突然发生叶片断裂而停止运转，毫无疑问，这种完全失去原有功能的现象是失效；但有时装备是局部失去功能，或性能劣化。坦克火控系统陀螺仪中的轴承经长期使用后，由于轴承发生磨损出现噪声或降低了精度，这时虽然尚未完全不能使用，但因失去精度，可认为也已经失效；有时装备整体功能并无明显变化，其中某个零件部分或完全失去功能，此时虽然在一般情况下还能正常工作，但在某些特殊情况下就可能导致重大事故，这种失去安全工作能力的情况也属于失效，如舰船动力系统压力容器的安全阀失灵、火车的紧急制动失灵等。因此，失效可能发生于三种情况：①完全不能工作者；②性能劣化已不能达到原有指标者；③失去安全工作能力者。

1.1.2 失效分析

对装备及其构件在使用过程中发生各种形式失效现象的特征及规律进行分析研究，从中找出产生失效的主要原因及防止失效的措施，称为失效分析。装备失效分析是判断装备的失效模式，查找装备失效机理和原因，提出预防再失效对策的技术活动和管理活动。失效总是首先从某些零件的最薄弱环节开始的，通常情况下，在失效部位往往存留着失效过程信息。通过对失效件的分析，明确失效类型，找出失效原因，采取改进和预防措施，防止类似的失效在设计寿命内再次发生，从而使产品质量得以提高，这就是失效分析的目的。从技术和经济角度，装备不可能永不失效，失效分析的目的不在于制造具有无限使用寿命的装备，而是确保装备在规定的寿命期限内不发生早期失效，或者把失效限制在规定范围之内，并对失效的过程进行监测、预警，以便采取紧急措施。失效分析的主要内容包括明确分析对象，确定失效模式，研究失效机理，判定失效原因，提出预防措施（包括设计改进）。

1.2 失效的发展历程

失效分析的发展与科技发展和应用有着密切联系，从发展历程来看，大体经历了三个阶段：与简单手工生产基础相适应的失效分析初级阶段、以大机器工业为基础的近代失效分析阶段、以先进技术为支撑的现代失效分析阶段。

1.2.1 失效分析初级阶段

第一次世界工业革命前是失效分析的初级阶段，这个时期是简单的手工生产时期，金属制品规模小且数量少，其失效不会引起重视，失效分析基本上处于现象描述和经验阶段。公元前 2025 年古巴比伦国王撰写的《汉谟拉比法典》是目前所能考证的、有史料记载的、最早有关产品质量的法律文件，它在人类历史上首次明确规定对制造有缺陷产品的工匠进行严厉制裁。失效分析中的断口形貌学，虽然 1944 年才由 Carl A. Zapffe 明确提出，但人们用断口特征来研究金属材料失效的理论和实践却开始较早。历史上最早用断口形貌来评价冶金质量的著作是 Vannoccio Biringcci 在 1540 年所著的《火法技艺》(De La Pirotechnia) 一书，他描述了用断口形貌作为评定黑色和有色金属（锡和铜锡青铜合金）质量的方法。1574 年，Lazarus Erckcr 提出了通过断裂试验断口检查紫铜和黄铜质量的方法，并指出银的脆断是由于铅和锡的污染所致。1627 年，Louis Savot 在控制大钟制造质量的过程中，把敲击断裂试验断口的晶粒度作为优化材料成分，以提高抗冲击载荷能力。同年，Mathurin Jousse 提出了根据断口形貌来选择优质钢铁的方法。失效分析初级阶段有关断口研究中最显著的成就是 1722 年 De Reaumur 借助光学显微镜研究金属断口的方法。在他的经典著作中，给出了钢铁的低倍和高倍断口，并归纳出了 7 种典型的钢铁断口特征。1750 年，德国的 Gellert 描述了金属和半金属的断口特征以及断口试验在区分钢、熟铁和铸铁中的用途，并讨论了用检查断口的方法揭示金属脆化的原因。在同一时期，德国的 Karl Franz Achard 记录了所测试的 896 种合金的断口形貌，以分析改善合金的性能。综上所述，在失效分析初级阶段，主要是围绕材料冶金质量与控制来进行的。

1.2.2 近代失效分析阶段

失效分析受到真正重视是从以蒸汽动力和大机器生产为代表的世界工业革命开始的，这个时期由于生产大发展，金属制品向大型、复杂、多功能开拓。但是，当时人们并没有掌握材料在各种环境中使用的性态、设计、制造，以及使用中可能出现的失效现象。当时，锅炉爆炸、车轴断裂、桥梁倒塌、船舶断裂等事故频繁出现，给人类带来了前所未有的灾难。失效的频繁出现引起了极大重视，促进了失效分析技术的发展。此阶段最可喜的是各种失效形式的发现及规律的总结，并促使了断裂力学这一新学科的诞生。但是，限于当时的分析手段主要是材料的宏观检验及倍率不高的光学金相观测，因此未能从微观上揭示失效的本质；断裂力学仍未能在工程材料断裂中很好地应用。此为失效分析的第二阶段，此阶段一直延至 20 世纪 50 年代末，又称为近代失效分析阶段。

以蒸汽动力和大机器生产为代表的工业革命给人类带来巨大的物质文明，产品失效也给人类带来了前所未闻的灾难。人们首先遇到了越来越多的蒸汽锅炉爆炸事件，在总结这些失效事故的经验教训中，英国于 1862 年建立了世界上第一个蒸汽锅炉监察局，把失效分析作为仲裁事故的法律手段和提高产品质量的技术手段。随后在工业化国家中，对失效产品进行分析的机构相继出现。由于金相学的发展，一些知名的冶金学者过分重视金相学而忽视微观断口形貌的研究，对断口形貌及其分析的兴趣有所减弱，但仍有一些研究人员在断口研究方面取得了显著的成效。1856年，R. Mallet把加农炮中的断口特征与合金的凝固方式联系，找到了造成加农炮管开裂的原因。在这一时期，一些冶金学者也研究了热脆、冷脆、过热等导致的断口形貌特征，为建立断口特征与金属晶粒之间的桥梁奠定了基础。

19世纪末期以来，失效分析的需求和实践大大推动了相关学科特别是强度理论和断裂力学学科的创立和发展。Charpy发明了摆锤冲击试验机，用以检验金属材料的韧性；Wohler揭示出金属的"疲劳"现象，并成功地研制了疲劳试验机；20世纪20年代，Griffith通过对大量脆性断裂事故的研究，提出了金属材料的脆断理论；20世纪50年代发生的"北极星"导弹爆炸事故、第二次世界大战期间的"自由"轮脆性断裂事故，推动了人们对带裂纹体在低应力下断裂的研究，从而在20世纪50年代中后期产生了断裂力学，以及随后发展起来的损伤力学，但鉴于这一阶段的失效分析手段仅限于宏观痕迹以及对材质的宏观检验，缺乏微观物理检测分析的技术手段，因而不可能从宏观、微观上揭示产品失效的物理本质与化学本质。

1.2.3　现代失效分析阶段

20世纪50年代以后，随着电子行业的兴起，出现了微观观测仪器，特别是分辨率高、放大倍率大、景深长的透射及扫描电子显微镜的问世，使失效微观机理的研究成为可能。随后，大量现代物理测试技术的应用，如电子探针X射线显微分析、X射线及紫外线光电子能谱分析、俄歇电子能谱分析等，促使失效分析登上了新的台阶。失效分析现处在第三阶段的历史发展时期，即现代失效分析阶段，这一阶段已经走过近半个世纪，并取得了巨大的成就。20世纪50年代末，失效分析的成果首先在电子产品领域应用于产品的可靠性设计，推动了失效分析学科分支的创立。材料科学与力学的迅猛发展，断口观察仪器的长足进步，为失效分析技术向纵深发展创造了条件。同时，各种大型运载工具造成的事故越来越大，影响越来越严重，这大大促进了失效分析的迅猛发展。

断裂力学、损伤力学、产品可靠性及损伤容限设计思想的应用和发展，产品失效引起的恶性事故的影响越来越大，一定程度上促进了失效分析发展。产品失效的原因很少是由于某一特定的因素所致，均呈现复杂的多因素特征，需要从设计、力学、材料、制造工艺及使用等方面进行系统的综合性分析，也就需要从事设计、力学、材料等各方面的研究人员共同参与，失效分析开始逐渐形成一个分支学科。美国金属手册第9卷《断口金相和断口图谱》和第10卷《失效分析与预防》分别于1974年和1975年正式出版。

20 世纪 70 年代末期，德国阿利安兹技术中心成立，它是专门从事失效分析及预防的商业性研究机构，该中心还出版了《机械失效》月刊。这一时期失效分析领域发展的主要标志是失效分析的专著大量出现，失效分析的国际英文杂志 Engineering Failure Analysis 也于 1994 年创刊，失效分析学术组织相继成立。这一时期失效分析的主要特点就是集断裂特征分析、力学分析、结构分析、材料抗力分析以及可靠性分析为一体，逐渐发展成为一门专门的学科。从 2004 年开始，两年一届的国际工程失效分析系列会议（ICEFA）已陆续召开过四届，涉及国民经济的各个领域。2005 年，美国创刊了 Journal of Failure Analysis and Prevention 杂志。

1.3 失效的学科介绍

狭义的失效分析主要是指通过分析找出失效的直接原因；广义的失效分析在找出失效直接原因的基础上，进一步探求导致失效的技术、管理方面存在的问题。按内涵组成可将失效分析分为失效分析诊断、预测和预防三大类。如果按主要学科分支分类，失效分析则包括断口学、痕迹学以及正在发展的失效评估等。

1.3.1 主要分支学科

1. 断口学

断裂、腐蚀和磨损是机械产品最主要的失效模式，而断裂是危害性最大的一种。断口和裂纹的分析在失效分析中尤为重要。断口形貌特征记录了材料和结构在载荷和环境作用下产生裂纹和断裂前的不可逆变形，以及裂纹的萌生和扩展直至断裂的全过程。断口学就是通过定性和定量分析来识别这些特征，并将这些特征与发生损伤乃至最终失效的过程联系起来，找出与失效相关的内在或外在原因的科学技术。断口分析作为一门研究断面的科学，用于产品的失效分析则是最近半个世纪的事情。这主要归于扫描电镜的问世，使得对断口微观细节的直接观察分析成为可能。断口学作为失效分析学科一个重要的组成部分，得到了很大发展，在断裂失效分析中发挥了很大的作用。然而仅仅依靠断口分析就得出失效原因的结论，把断口学当作失效分析的全部内容，这是片面的。目前，断口分析仍基本上停留在以定性分析为主的阶段，新近出版的《疲劳断口定量分析》专著系统介绍了断口定量反推原始疲劳质量、疲劳裂纹扩展寿命、疲劳应力以及在安全评估、工艺评价、失效分析中的应用，但断口定量分析的范围很广，仍需要进行系统研究。

2. 痕迹学

痕迹是一个含义丰富、历史悠久、应用甚多的概念。痕迹学广泛应用于考古研究和刑事侦探，在刑事检查中首先发展起来的是指纹痕迹分析法。痕迹是环境作用于系统，在系统表面留下的标记。所谓痕迹分析，即是对上述变化特征进行诊断鉴别。痕迹学就是通过定性和定量分析来识别这些"标记"及其演变的特征，并找出其变化的过程和原因，为失效分析提供线索和证据。20世纪末，痕迹学才成为失效分析中的专门内容，其代表作是张栋所著的《机械失效的痕迹分析》一书。目前，痕迹学也像断口学一样，在失效分析中发挥着重要的作用，成为失效分析学科中重要的组成部分。某种程度来讲，痕迹学涉及的范围远大于断口学。

3. 安全评估

产品的安全评估就是根据材料与结构的失效模式和损伤演变规律，通过对多子样进行统计的方式以及采用模拟加速试验或计算机对损伤过程模拟的基础上，对在役产品，包括桥梁、建筑、大坝等在内的大型设备的服役寿命以及在服役期内的安全可靠性进行评估。产品由于缺陷或偶然性造成的随机性失效，在子样大时总体上必然服从某些统计规律，即事物从无序状态转化为一定的有序状态，这就为产品或构件的失效评估提供了技术基础。失效评估被认为是失效分析领域今后将得到极大发展的一个分支。钟群鹏教授多年来在断裂失效的评估方面进行了较为系统的研究，建立和发展了断裂失效评估的一些基本理论和方法。美国是目前乃至未来一段时间内科技最发达的国家，美国有一个专门从事结构的失效与安全评估的公司。2006年，该公司职员达800余人，其中具有博士学位以上的科研人员占半数以上，足以说明科技越发展，结构的健康检测与安全评估越重要。在最近两届工程失效分析国际会议上，国际上许多著名的失效分析专家从事运动器械、汽车等与人直接相关产品的安全评估研究，在今天我们强调以人为本、科学发展的社会中，更显得安全评估的重要性。就目前而言，安全评估作为失效分析领域的主要分支还很不成熟，仍然是有待深入研究的新领域。

1.3.2 与相关学科关系

现代失效分析发展阶段初期，主要围绕断裂特征和性质分析来进行，加之在20世纪60年代以前所进行的失效分析基本上限于材料的组织和性能、宏观痕迹分析和材质的冶金检验等，因此，失效分析与材料研究领域联系密切。在20世纪80年代以前，失效分析的学术组织也都附属于材料领域。但失效分析发展到现在，已经成为多学科交叉的领域，与很多学科的关系都非常密切，如断裂分析中需要力学，失效机理分析需要材料物理，磨损失效分析需要摩擦与磨损学等。而在众多学科中，可靠性分析与失效分析的关系尤为密切，因为它们是具有紧密联系的一个矛盾体的两个方面。

可靠性是产品在规定的条件下和规定的时间内完成规定功能的能力。当用概率定量描述这种能力时，称为可靠度。可靠是相对失效而言，而失效则意味着不可靠。既然可靠是相对失效而言的，所以可靠性是相对失效性而言的，则可靠度（概率）相对失效度（概论）而言有如下关系：

$$可靠度 R(t) + 失效度 P(t) = 1$$

从上式可以看出，失效度就是不可靠度，而失效性即是不可靠性。同样，可靠分析相对失效分析而言，可靠性（度）分析相对失效性（度）分析而言。通过上述可以看出，失效分析和失效性（度）分析不是一个概念。失效分析是以失效装备（或将要失效的装备）及其相关的失效过程为分析对象，并以查找某个失效装备的机理和原因为主要目标；而可靠性（度）分析以某一种装备（或系统）群体为分析对象，以评估其失效的可能性或获得其失效概率为主要目标。因此，失效分析的思路和方法与可靠性分析的思路和方法不一样。

1.3.3 学科发展方向

失效分析从20世纪50年代末以来得到了迅猛发展，使失效分析从简单实用的事故分析技术向一个独立的分支学科飞跃提供了基础。作为正在兴起和发展的边缘学科，失效分析有众多有待进行深入系统研究的热点领域。

1. 完善失效分析学科

尽管失效分析理论的主要支撑技术——断口学和痕迹学已得到了很大的发展，但失效分析作为一门学科，其体系的系统性和完整性还远不够完善，与相关学科的"边界"也不够明确，特别是失效预测和失效预防理论、技术和方法尚未形成相对独立的体系，这无疑将限制失效分析的发展。目前，失效分析主要依据经验或根据已有的断口、裂纹、金相图谱来进行失效诊断；而现有的图谱和案例集基本上仍是定性的"特征诊断"。虽然也有一些定量分析的结果，但大多只是特定条件下的定量分析，不能给出损伤失效特征随条件变化的系统性、规律性认识的诊断依据。近年来，研究人员尝试建立了金属疲劳断口物理数学模型，定量反推原始疲劳质量及疲劳应力，但总体上仍然处于定性分析阶段。

2. 装备的安全可靠性评估技术

由于装备在设计、制造、装配、使用和维修等阶段存在诸多的不确定因素，所受的外力不仅随工况不同而改变，还受偶然性的影响；同时，装备所受的抗力由于材料组织的不均匀、内部缺陷的随机分布和加工制造的不一致，存在很大的分散性。因此，失效受偶然性和必然性两个因素的共同影响。但任何偶然性造成的随机性在样本大时总体上必然服从某些统计规律，即事物从无序状态转化为一定的有序状态，这就为安全可靠性评估提供了基础。安全可靠性评估不仅需要对过去同类产品的使用数据进行收集和统计分析，而且要研究涉及表征构件的各种基本参数的分散概率及其对装备失效的影响，在此基础上建立安全可靠性或失效概率的物理数学模型，并通过数值计算、试验或计算机模拟验证，从而达到装备产品安全可靠性评估的目的，使装备在规定的工作条件下、规定的寿命内，在完成规定功能的情况下将失效的可能性减小到最低程度。

3. 新材料断口特征及其规律研究

现代科技的发展使得各种新材料以及运用新工艺制取的传统金属材料得到广泛应用。陶瓷、高分子材料和复合材料等与传统金属材料在力学行为、化学特性及断裂本质等方面存在巨大差异，因此其失效特征需要预先进行一些基础性研究。另外，传统的金属材料，由于现代材料制备技术的日益发展，像粉末冶金、定向凝固及单晶制备技术的大量采用，也使得其损伤特征与原来发生了很大改变。例如，定向凝固合金叶片存在类似树脂基复合材料损伤破坏的某些特点，如在低速高能冲击后的损伤问题等，都值得高度重视。另外，定向凝固合金尤其是单晶合金的再结晶及其预防问题也已成为工程应用中的一个棘手问题。

4. 固体材料环境损伤的演化及其预测

任何装备都在特定的环境下服役，失效取决于材料的环境行为。装备与服役条件交互作用，使装备材料的组织、结构和性能发生变化，最终导致失效。环境失效机理涉及材料、物理、化学、机械、电子等领域，其研究成果能为改善材料性能打下理论基础，使材料设计从被动提高环境抗力到主动适应多元环境，并将促进宏观、微观弹塑性断裂力学、疲劳学和安全评估等学科的共同发展，建立、发展和完善与环境失效有关的模式、诊断、预测和控制等理论。材料的环境行为具有多因素耦合和非线性损伤累积的特点，如温度变化和机械载荷的耦合作用、应力和腐蚀环境的交互作用等。环境因素耦合效应的物理机制、多因素作用的非线性损伤叠加理论、损伤累积过程的描述和物理数学模型，将成为材料在复杂环境过程中失效评价和控制的理论基础。在此基础上，建立复合作用下材料和装备的寿命预测模型，完善复杂环境下的材料与装备的损伤模型、剩余寿命评估方法和耐久性分析技术等。

5. 失效过程的计算机模拟与辅助诊断

由于装备的失效过程很复杂，目前还没有预测材料、构件和装备的损伤倾向和评估剩余寿命的有效手段，对于失效机理和失效过程的认识基本上仍是抽象和定性的。用计算机模拟装备失效的动力学过程，不仅可以证实失效机理和失效原因的分析是否正确，而且可以为材料和装备的设计提供科学依据。近年来发展起来的用计算机模拟失效件断口和失效特征形貌的技术，为计算机辅助诊断和模拟损伤过程提供了必要条件。失效过程的计算机模拟与诊断包括失效库的建立、断口的三维重建与模拟、损伤过程的动力学模拟与再现等，在此基础上，借助神经网络原理形成具有自学习功能的用于分析材料及装备损伤行为和失效机理的人工智能系统。

6. 电子产品及其控制系统的失效分析

随着现代科学技术的发展，对电子元器件的种类和精细程度的要求也越来越高，伴随而来的是电子产品出现失效与故障的频率提高；同时，电子元器件种类繁多，功能各式各样，失效形式常常具有随机性和偶然性，因此，电子产品的失效分析工作的领域广、难度大。而控制系统功能繁多，失效模式复杂多样，分析检测的难度也很大。

7. 再制造产品的失效分析

在进入 21 世纪后，人口、资源、环境协调发展的任务更加突出，为建设节约型社会、环境友好型社会和发展循环经济，对再制造的需求更加迫切，我国的再制造工程在近些年来得到了迅猛发展。很显然，经过再制造的装备，其失效形式、机理等一定和原装备有不同之处。目前，由于再制造刚刚起步，再制造装备的失效还没有形成规模，但不可否认的是，随着再制造工程的发展，再制造装备的失效会变得越来越重要。

1.4 失效分析的基本原理与方法

本节主要介绍失效分析的基本程序、基本原则、基本方法。

1.4.1 失效分析基本程序

如果只有一个构件或零部件失效，失效分析比较容易进行；但大多数情况下，往往是多个零部件同时遭到破坏，情况比较复杂，不知道是哪一个构件先出现问题，哪一些构件是受牵连的。因此在进行失效分析时，不仅要有正确的失效分析思路，还要有合理的失效分析程序。由于失效的情况多种多样，失效原因也错综复杂，很难有一个规范的失效分析程序。但一般来说，失效分析程序大体上可以分为以下几个步骤：明确目的要求、调查现场及收集背景资料、失效件的保护、失效件的检测及试验、确定失效原因和提出改进措施。

1. 明确失效分析的目的要求

失效分析的目的有许多种：①尽快恢复装备功能，使工厂全线恢复正常生产；②仲裁性的失效分析，目的是分清失效责任（包括法律和经济责任）；③以质量反馈或技术攻关为目的的失效分析。但是，不管失效分析是何种目的，其宗旨都是找出失效原因，避免同样的失效事件再次发生。对于不同的目的要求，失效分析的深度和广度会有很大的差别。很显然，失效分析的范围越广、越深入，失效分析工作进行得越透彻，所得结论的可信度越高。但是，不考虑客观要求和经济效益，只追求分析的深度和广度的做法，是不切合实际的，也是不可取的。失效分析的深度和广度，应以满足目的和进度为前提，以最经济的方法取得最有价值的分析结果。明确了分析的目的和要求，并对所分析的构件有了初步了解，就可以确定分析的深度和广度。因此，任务提出者及任务接受者应共同讨论，统一认识，明确失效分析的对象、目的及要求。一般情况下，以下几种情况在共同讨论前就要搞清楚：分析的构件是单件还是所有同型号、同功能的构件都要分析；只分析构件还是构件所存在的装备及系统一并分析；失效构件是否得到妥善保护或是已经检查解剖（遭到破坏）；同类型的失效情况过去是否发生过；构件的使用、制造、设计、历史等相关性的问题等。

2. 调查现场及收集背景资料

1）现场失效信息的收集、保留与记录

明确目的要求后，失效分析人员应尽早进入现场。因为进入现场的人越多，时间越长，信息的损失量越大。例如，某些重要的迹象（如散落物、介质）等可能被毁掉，使失效件的残骸碎片丢失、污染、移位，或者将断口碰伤等。收集信息时应广泛考虑各种可能性，不能先认定是什么失效原因，再为此收集证据，要以客观事实为依据来论证失效原因和过程。要收集的信息一般有两类：一是确认能反映失效事故起因、过程的现象和资料；二是估计可能用得着的资料及值得进一步分析的现象。现场收集的信息包括资料和记录的文献，应满足如下三个条件：①能全面、三维、定量地反映失效后的现场；②能反映出失效先后顺序的各种迹象；③能反映出失效机理的各种现象。记录的方法有摄影、录像、笔记、画草图等。记录文献上应有简要文字说明各种内容之间的关系，如注明左、中、右、前、后，比例尺、时间，局部照片所反映的位置在现场总体照片上的部位（反映局部和整体的关系）。下面以断裂失效为例来说明记录的主要工作。

（1）做出失效现场草图，标出坐标的空间尺度。

（2）对重大的爆炸失效，要将装备的所有残骸、碎片的散落地点标注在草图上（不易找到的飞得最远的碎片往往是最重要的），并收集、清点、编号，做出残骸恢复图。2003 年 2 月 1 日，美国"哥伦比亚"号航天飞机在返回途中爆炸，当时美国政府组织了近 5 000 人的专业队伍在 2 550 km² 范围内进行"拉网"式搜寻，共找到碎片 1.2 万块。

（3）记录（拍照）并测量断裂区的塑性变形及断口的角度、纹理、颜色、光泽等能反映断裂时的受力、变形和断裂发展过程的各种现象，绘出裂纹扩展方向。

（4）收集与失效有关的物质，如气氛、粉尘、飞溅物、反应物，并注意机械划伤、污染吸附等容易造成混淆的痕迹。

（5）采集残骸的重要关键性部位，以便进行实验室分析。

（6）清理现场，并将编号的无用残骸放在避风雨的地方备用。

2）调查、访问及收集背景资料

对于重大、复杂的失效分析任务，要进行多方的调查和访问。对象包括事故当事人、在场人、目击者及与失效信息有关的其他部门人员，如仪表室、控制室值班人员、门卫、电话值班人员、消防值班人员等。调查内容主要包括：①事故前的各种操作参数，如压力、温度、流速、流量、转速、电压、电流等；②事故前的异常迹象，如声音、光照、电参数、气温、振动、仪表指示异常及气味、烟、火等；③有关失效件的历史文献及其他有用资料。

为保证所得结果可靠真实，在调查访问中应注意不要有诱导性的提问，注意被访问人的心理状态，想办法解除涉嫌者或责任者的各种顾虑，不勉强被访问者提供情况；当被访问人提供的情况或意见出现矛盾时，不要轻易否定或肯定，记录下来再逐步甄别；能个别访问的应个别访问，必须开调查会时，应在个别访问之后进行，以避免互相迎合而导致错误结论。访问调查可以获得一些很有用的线索和知识，但要真正准确地进行分析，还需要更充足的可靠依据。尤其是涉及诉讼和责任时，更要充分收集各种相关的科技档案背景资料、工业标准、规程、规范，甚至是来往信函及协议之类的文件档案。如果就理化机制分析构件失效，所收集的资料可包括如下内容：

（1）失效装备的工作原理及运行数据，有关的规程、标准。

（2）设计的原始依据，如工作压力、温度、介质、应力状态和应力水平、安全系数、设计寿命和所采用的公式或规程、标准。

（3）选材依据，如材料性能参数、焊缝系数等。

（4）失效装备所用材料的牌号、性能指标、质量保证书、供应状态、验收记录、供应厂家、出厂时间等。

(5) 加工、制造、装配的技术文件，包括毛坯制造工艺（各个环节）文件，如图纸、工艺卡（工艺流程）及实施记录、检验报告、无损检验报告等。

(6) 运行记录，包括工作压力、温度、介质、时间、开/停车情况、异常载荷、反常操作（如超温）及已运行时间等。

(7) 操作维修资料，如操作规程、试车记录、操作记录、检修记录等。

(8) 涉及合同、法律责任或经济责任的，还需查阅来往文件和信函。

这些资料一方面可以使失效分析人员免于做一些重复性的试验工作；另一方面也会使分析工作更有依据。需注意的是，在档案内发现的问题并不见得就是失效原因，还必须进一步进行理论或试验论证，有时可能需要委托技术力量更强的部门做更深入的计算分析、测试、研究。

以上所述各项工作并非都必须做，应视工作需要有重点地进行。

3. 失效件的保护

失效分析在某种程度上与公安侦破工作有相似之处，必须保护好事故现场和损坏的装备，因为留下的残骸件是失效分析的重要依据，一旦被破坏，会对分析工作带来很多困难。失效件的断口保护是最为重要的，因为断口上有失效的大量信息。断口的保护主要是防止机械损伤和化学损伤。对于机械损伤的防止，应在事故发生后马上把断口保护起来。在搬运时将断口保护好，在有些情况下需利用衬垫材料，尽量使断口表面不相互摩擦和碰撞。有时断口上可能沾上一些油污或脏物，此时不可用硬刷子刷断口，并避免用手指直接接触断口，以防止断口上出现人为的混淆信息。对于化学损伤的防止，主要是防止来自空气、水或其他化学药品对断口的腐蚀。可采用涂层法，即在断口上涂一层不受腐蚀又易于清洗的防腐物质。对于大型构件，可涂一层优质的新油脂；对于较小的构件断口，除涂油脂外，还可采用浸没法，即将断口浸于汽油或无水酒精中，也可以采用乙酸纤维纸复型技术覆盖断口表面，或把断口放入装有干燥剂的塑料袋里。不能使用透明胶纸或其他黏合剂直接黏贴在断口上，因为一般的黏合剂很难清除，且可能吸附水分而引起腐蚀。

4. 失效件的观察、检测和试验

在调查研究基础上，要对收集到的失效件进行观察和检测，以确定失效类型，找出失效原因。

1) 观察

在清洗前要对失效构件（包括收集到的全部残片）进行全面观察，包括肉眼观察、低倍率放大或显微镜宏观检查，以及高倍率显微镜微观观察。用肉眼进行初步观察。肉眼具有很大的景深，能够快速检查较大的面积，而且能够感知形状，识别颜色、光泽、粗糙度等的变化，从而取得失效件的总体概貌。低倍率放大或显微镜宏观检查可以补充肉眼分辨率的不足，对失效件的特征区及其与邻近构件接触部位的宏观形貌做进一步了解；对断裂断口则可获得腐蚀的局部区域，为微观机制分析提供选点，如果宏观观察能判别断裂顺序、裂纹源、扩展方向，则微观观察就可在确定的裂纹源区、裂纹扩展区及断裂区分别观察不同的特征，从而找出异常的信息，为失效原因及机理提供有力的证据。

2）检测

观察只能了解失效件的表观特征，对失效件的本质特征变化则需通过各种检查、测试进行深入研究。检测一般包括如下内容：

（1）化学成分分析。根据需要对失效构件材料的化学成分、环境介质及反应物、生成物、痕迹物等进行成分分析。

（2）性能测试。力学性能包括构件金属材料的强度指标、塑性指标和韧性指标及硬度等；化学性能包括金属材料在环境介质中的电极电位、极化曲线及腐蚀速率等；物理性能则主要是反应热、燃烧热等。

（3）无损检测。采用物理的方法，在不改变材料或构件性能和形状的前提下，迅速而可靠地确定构件表面或内部裂纹和其他缺陷的大小、形状、数量和位置。构件表面裂纹及缺陷常用渗透法及电磁法检测，内部缺陷则多用超声波检测。

（4）组织结构分析。包括材料表面和心部的金相组织及缺陷。常用金相法分析金属的显微组织，观察是否存在晶粒粗大、脱碳、过热、偏析等缺陷；夹杂物的类型、大小、数量和分布；晶界上有无析出物，裂纹的数量、分布及其附近组织有无异常，是否存在氧化或腐蚀产物等。

（5）应力测试及计算。很多构件的失效类型与应力状态相关，有资料报道，由于残余应力而影响或导致构件失效的达 50% 以上。因此，要考虑构件材料是否有足够的抵抗外力使其破坏的能力。不管哪一种断裂类型，其裂纹扩展能力都是应力的正变函数，应力增加，裂纹扩展速率递增。很多腐蚀失效在应力作用下才会产生，如应力腐蚀开裂与腐蚀疲劳都有与应力相关的裂纹启裂门槛值。

构件由于承载而存在的薄膜应力，因温度引起的温差应力以及因变形协调产生的边缘应力，都是可以在设计中进行计算并在结构设计时加以考虑的。但是，在造成变形过程中产生的残余应力以及在安装使用过程中因偶然因素产生的附应力是难以估算的。因此，失效的应力往往需要测试计算，尤其是在制造成型过程中存留的残余应力。内应力的测定方法很多，如电阻应变片法、脆性涂层法、光弹性夜膜法、射线法及声学法等，所有这些方法实际上都是通过测定应变，再通过弹性力学定律由应变计算出应力的数值。

3）试验

为了给失效分析做出更有力的支持，往往对关键的机理解释进行专项试验，或对失效过程的局部或全过程进行模拟试验。例如，对 C_l - 应力腐蚀开裂的失效构件，可以按国家标准进行同材质标准试样的 C_l - 水溶液试验。模拟试验就是设计一种试验，使其绝大多数条件同失效件工况相同或相近，但改变其中某些不重要且模拟费用高、时间长、危险大的影响因素，看是否发生失效及失效的情况。

5. 确定失效原因并提出改进措施

正确判断失效形式是确定失效原因的基础，但失效形式不等于失效原因，还要结合材料、设计、制造、使用等背景和现场情况对照查找。在条件认可或有必要的情况下，对得出的失效原因要进行失效再现的验证试验，若得到预期结果，则证明所找到的原因正确，否则还需再深入研究。失效分析的根本目的是防止失效的再发生，因而确定失效原因后，还要提出改进措施，并按提出的改进措施进行试验，并跟踪实际运行；如果运行正常，则失效分析工作结束，否则失效分析要重新进行。

失效分析工作完成后，应有总结报告，其中至少应包括：①装备失效过程的描述；②失效类型的分析和规模估计；③现场记录和单项试验记录计算结果；④失效原因；⑤处理意见，即报废、降级、维修（修复）等；⑥对安全性维护的建议；⑦知识和经验的总结等。

1.4.2 失效分析基本原则

失效分析虽然因失效事件的不同可选择不同的思路，采用不同的具体手段进行，但思维过程却要遵守一些基本的原则，并在分析的全过程中正确运用，才能保证失效分析工作的顺利和成功。

1. 整体观念原则

一旦有失效，就要把"装备－环境－人"当作一个整体系统来考虑。失效构件与邻近的非失效构件之间的关系、失效件与周围环境的关系、失效件与操作人员的各种关系等要统一考虑。尽可能大胆设想失效件可能发生哪些问题，环境条件可能诱发哪些问题，人为因素又可能使失效件发生哪些问题，逐个地列出失效因素，以及由其所导致的与失效有关的结果。然后对照调查、检测、试验的资料和数据，逐个核对排查列出的问题。

2. 立体性原则

也就是从多方位综合思考问题。如同系统工程提倡的"三维结构方法"，从三个方面来考虑问题，即逻辑维、时间维及知识维。具体到失效分析，逻辑维是从装备规划、设计、制造、安装直至使用来思考问题；时间维是按分析程序的先后，调查、观察、检测、试验直至结论；知识维则是要全面应用管理学、心理学识及失效分析知识来综合判断。

3. 从现象到本质的原则

许多失效特征只表示有一定的失效现象。如一个断裂构件，在断口上能观察到清晰的海滩花样，又知其承受了交变载荷，一般就认为是疲劳断裂。这只是认定失效类型，但还没有找出疲劳断裂的原因，无法提出防止同一失效现象再次发生的有效措施。因此还应该继续进行分析工作，弄清楚产生疲劳断裂的原因，才能从根本上解决问题。

4. 动态性原则

失效是动态发展的结果，一方面，经历了孕育、成长、发展至失效的动态过程；另一方面，装备构件相对于其周围环境、状态或位置，处于相对变化之中，设计参量操作工艺指标只能是一个分析的参考值。管理人员、操作人员的变动，甚至操作人员的情绪波动，也都应包括在动态性原则当中。

5. 两分法原则

失效分析工作中尤其强调对任何事物、事件或相关人证、物证用两分法看问题。如名牌产品、进口产品质量多数是好的，但确实也有经失效分析确定其失效原因是设计不当或材料有问题或制造工艺不良等。例如，某石油化工厂进口的尿素合成塔下封头出口管，使用5年后突然塔底大漏，大量液体外喷，被迫停产。检查结果发现原因是接管与封头连接的加强板的实际结构和原设计不符，手工堆焊耐腐蚀材料层厚度不够，在腐蚀穿孔的地方只有一层，达不到原设计三层的要求。

6. 以信息异常论为失效分析总的指导原则

失效是人、机、环境三者异常交互作用的结果，因此过程中必然出现一系列异常的变化、异常的现象、异常的后果、异常的事件、异常的因素，这些异常的信息是系统失控的客观反映。应尽可能全面捕捉掌握这些异常信息，尤其是最早出现的异常信息，是失效分析的总的指导原则。

1.4.3 失效分析基本方法

断口分析、裂纹分析、痕迹分析、模拟试验是失效分析最常用的技术方法，在失效分析中起着很关键的作用。将这些方法在失效分析工作中与分析思路密切结合，对于得到正确的失效分析结论至关重要。

1.4.3.1 痕迹分析方法

装备失效时，由于力学、化学、热学、电学等环境因素单独或协同作用，在构件表面或表面层会留下某种标记，称为痕迹。这些标记可以是表面或表面层的损伤性的标记，也可以是失效件以外的物质。对痕迹进行分析，研究其形成机理、过程和影响因素，称为痕迹分析。痕迹分析是失效分析中最重要的分析方法之一，对判断失效性质、失效顺序、提供分析线索等方面有着极为重要的意义。痕迹分析在进行受力分析、相关分析、确定温度和介质环境的影响、判断外来物以及电接触影响等一系列因素分析中，所提供的直接或间接证据对失效分析起着重大作用。如液氯钢瓶爆炸事故中附在墙壁上的黑色生成物的痕迹分析，就是判断引起爆炸的化学反应的可靠关键证据。在长期实践中，人们已进行了许多成功的痕迹分析工作，积累了丰富的经验，但痕迹分析技术、方法和理论仍然有待大力发展和完善。由于各种痕迹形成机理不同，形成过程相当复杂。因此，痕迹分析是一种多学科交叉的边缘学科，涉及材料学、金相学、无损检验、工艺学、腐蚀学、摩擦学、力学、测试技术、数理统计等各个领域，这就决定了痕迹分析法的多样化。痕迹不像断裂那么单纯，断裂的连续性好，过程不可逆，而且裂纹深入构件内部，在裂纹形成过程中断面不易失真，所以断口较真实地记录了全过程。而痕迹往往缺乏连续性，痕迹可以重叠，甚至可以反复产生和涂抹；同时，痕迹暴露表面较易失真，有时记录的仅仅是最后一幕，因此痕迹分析更需采用综合分析的手段。

1. 痕迹的种类

失效过程中留下的痕迹种类繁多，根据痕迹形成的机理和条件不同可分为以下几类。

1）机械接触痕迹

构件之间接触的痕迹，包括压入、撞击、滑动、滚压、微动等的单独作用或合作用所形成的痕迹称为机械接触痕迹，其特点是发生了塑性变形或材料的转移、断裂等，痕迹集中发生在接触部位，并且塑性变形极不均匀。

2）腐蚀痕迹

由于构件材料与周围的环境介质发生化学或电化学作用而在表面留下腐蚀产物及表面损伤的标记，称为腐蚀痕迹。腐蚀痕迹分析可有以下几个方面：

（1）表面形貌变化，如点蚀坑、麻点、剥蚀、缝隙腐蚀、气蚀、鼓泡、生物蚀等。

（2）表面层化学成分的改变，或腐蚀产物成分的确定。

（3）颜色的变化和区分。

（4）材料物质结构的变化。

（5）导电、导热、表面电阻等性能的变化。

（6）是否失去金属声音等。

3）电侵蚀痕迹

由于电能的作用，在与电接触或放电的部位留下的痕迹称为电侵蚀痕迹。电侵蚀痕迹分为两类。

（1）电接触痕迹，即由于电接触而留下的电侵蚀痕迹。当电接触不良时，接触电阻剧增，使电流密度很大，从而留下电侵蚀痕迹。电接触部位在火花或电弧的高温作用下，可能产生金属液桥、材料转移或喷溅等电侵蚀现象。

（2）静电放电痕迹，即由于静电放电而留下的电侵蚀痕迹。很多工业场合容易引起静电火灾和爆炸。有调查数据显示，在有易燃物和粉尘的现场，约70%的火灾和爆炸事故是由静电放电而引起的。常见的静电放电痕迹是树枝状的，有时也有点状、线状、斑纹状等。

4）热损伤痕迹

由于接触部位在热能作用下发生局部不均匀的温度升高而留下的痕迹。金属表面局部过热、过烧、熔化、烧穿、表面保护层的烧焦都会留下热损伤痕迹。不同的温度有不同的热损伤颜色，而且热损伤后材料的表面层成分、结构会发生变化，表面性能也会有所改变。

5）加工痕迹

对失效分析有帮助的主要是非正常加工痕迹，即留在表面的各种加工缺陷，如刀痕、划痕、烧伤等。

6）污染痕迹

污染痕迹是各种外来污染物附着在材料表面而留下的痕迹。污染物并未与材料表面发生反应，只附着在其表面。污染痕迹有时能提供某种参考线索。

2. 痕迹分析的主要内容

（1）痕迹的形貌（花样），特别是塑性变形、反应产物、变色区、分离物和污染物的具体形状、尺寸、数量及分布。

（2）痕迹区以及污染物、反应产物的化学成分。

（3）痕迹的颜色、色度、分布、反光性等。

（4）痕迹区材料的组织结构。

（5）痕迹区的表面性能（耐磨性、耐蚀性、硬度、涂层的结合力等）。

（6）痕迹区的残余应力。

（7）痕迹区散发的各种气味。

(8) 痕迹区的电荷分布和磁性等。

3. 痕迹分析的程序

1) 寻找、发现和显现痕迹

一般以现场为起点，全面收集各种痕迹，不放过任何细微的有用痕迹。痕迹不像断裂那么明显，需要一定的耐心和经验。一般首先搜集能显示装备失效顺序的痕迹；其次搜集外部的痕迹；然后搜集构件之间的痕迹；最后搜集污染物和分离物，如油滤器、收油池、磁性塞中的各种多余物、磨屑等。在对失效件进行分解时，要确保痕迹的原始状况，不要造成新的附加损伤，以免引起混淆。

2) 痕迹的提取、固定、显现、清洗、记录和保存

照相、复印、制膜法等可用来提取和固定痕迹，利用各种干法和湿法方法还可以提取残留物。

3) 痕迹鉴定

痕迹鉴定的一般原则是由表及里，由简而繁，先宏观后微观，先定性后定量，并遵循形貌—成分—组织结构—性能的分析顺序。鉴定痕迹时要充分利用过去曾发生过的同类失效的痕迹分析资料。如果鉴定时需破坏痕迹区进行检验，应慎重确定取样部位，并事先进行记录。

1.4.3.2 断口分析方法

断裂是金属装备及其构件最常见的失效形式之一，断裂的失效件上一般都形成断口。

1. 断口分析的重要性

在断口上忠实地记录了金属断裂时的全过程，即裂纹的产生、扩展直至开裂的整个过程。同时断口上记录着与裂纹有关的各种信息，包括外部因素对裂纹产生的影响及材料本身的缺陷对裂纹产生的促进作用，以及裂纹扩展的途径、扩展过程及内外因素对裂纹扩展的影响等。通过对这些信息的分析，可以找出断裂的原因及影响因素。因此，断口分析在断裂失效分析中占据着非常重要的地位。在一定程度上可以说断口分析是断裂失效分析的核心，同时又是断裂失效分析的向导，指引失效分析少走弯路。

2. 断口分析的依据

1) 断口的颜色与光泽

主要观察有无氧化、腐蚀的痕迹，有无夹杂物的特殊色彩及其他颜色等。如果断口有锈蚀，则观察是红锈、黄锈或是其他颜色的锈蚀。还要看是否有深灰色的金属光泽、发蓝颜色（或呈深紫色、紫黑色金属光泽）等。高温工作下的断裂构件，从断口的颜色可以判断裂纹形成的过程和发展速度，深黄色是先裂的，

蓝色是后裂的;若两种颜色的距离很靠近,可判断裂纹扩展的速度很快。钢件断口若呈现深灰色的金属光泽,是钢材的原色,是纯机械断口;断口如果有红锈则是富氧条件下腐蚀形成的二氧化二铁(Fe_2O_3);断口有黑锈则是缺氧条件下腐蚀得到的Fe_2O_3。根据疲劳断口的光亮程度,可以判断疲劳源的位置。如果不是腐蚀疲劳,则源区是最光滑的。

2）断口上的花纹

不同的断裂类型,在断口上会留下不同形貌的花纹。例如,疲劳断裂断口宏观上有时有沙滩条纹,微观上有疲劳裂纹;脆性断裂有解理特征,断口宏观上有闪闪发光的小刻面或人字河流条纹、舌形花样等;韧性断裂宏观有纤维状断口,微观上则多有韧窝或蛇形花样等。

3）断口表面粗糙度

断口表面由许多微小的小断面构成,这些小断面的大小、高度差决定断口的表面粗糙度。不同材料、不同断裂方式所得到断口的表面粗糙度也不同。属于剪切型的韧性断裂的剪切层比较光滑,而正断型的纤维区则较粗糙。属于脆性断裂的解理断裂形成的结晶状断口比较粗糙,而断裂形成的瓷状断口则很光滑。疲劳断口的表面粗糙度与裂纹扩展速度有关（成正比）,扩展速度越快,断口越粗糙。

4）断口与最大正应力的交角

当应力状态、材料及外界环境不同时,断口与最大正应力的交角也不同。韧性材料的拉伸断口往往呈杯锥状或呈45°切断的外形,其塑性变形以缩颈的方式表现出来。韧性材料的扭转断口呈切断型,断口与扭转正应力交角也是45°。

5）断口上的冶金缺陷

夹杂、分层、晶粒粗大、白斑、白点、氧化膜、气孔、疏松、撕裂等冶金缺陷,往往是导致断裂的因素,常可在失效件断口上经宏观或微观观察而发现。

3. 断口的宏观观察与微观观察

1）宏观观察

宏观观察是指用肉眼、放大镜、低倍光学显微镜或扫描电子显微镜来观察断口的表面形貌,这是断口分析的第一步和基础。首先用肉眼和低倍率放大镜观察断口各区的概貌和相互关系;然后选择关键的局部区域,加大倍率观察微细结构。通过宏观观察收集到的信息,可初步确定断裂的性质（脆性断裂、韧性断裂、疲劳断裂、应力腐蚀断裂等),还可以分析裂源的位置和裂纹扩展方向,并初步判断冶金质量和热处理质量等。

2）微观观察

微观观察是用显微镜对断口进行高放大倍率观察，包括断口表面的直接观察及断口剖面的观察，一般用金相显微镜及扫描电镜进行。通过微观观察可以进一步核实宏观观察收集的信息，确定断裂的性质、裂源的位置及裂纹走向、扩展速度，找出断裂原因及机理等。进行剖面观察需要截取剖面，通常是用与断口表面垂直的平面来截取（截取时注意保护断口表面不受损伤）。垂直于断口表面有两种截取方法：①平行裂纹扩展方向截取，应用这种方法可研究断裂的过程，因为在剖面上包含了断裂不同的区域；②垂直裂纹扩展方向截取，应用这种方法可以在一定位置的断口剖面上，研究某一个特定位置的区域。应用剖面观察可观察二次裂纹尖端塑性区的形态、显微硬度变化、合金元素有无变化情况等，可以帮助分析研究断裂原因和机理之间的关系，因此，在微观观察时经常应用剖面观察技术。

1.4.3.3 裂纹分析方法

裂纹是一种不完全断裂的缺陷。把裂纹打开后，也可以用断口技术进行分析。裂纹的存在不仅破坏了材料的连续性，而且裂纹尖端大多很尖锐，容易引起应力集中，加速构件在低应力下提前破断。裂纹分析的目的是确定裂纹的位置及裂纹产生的原因。裂纹形成的原因往往很复杂，如设计不合理、选材不当、材质不合格、制造工艺不当及维护和使用不当等均有可能导致产生裂纹。因此，裂纹分析是一项十分复杂而细致的工作，往往需要从原材料的冶金质量、材料的力学性能、成型工艺流程和每道工序的工艺参数、构件的形状及其工作条件以及裂纹的宏观和微观特征等各个方面进行综合分析，牵涉到多种技术方法和专门知识，如无损检测、化学成分分析、力学性能测试、金相分析等。

1. 裂纹的基本形貌特征

（1）一般情况下，裂纹两侧会凹凸不平，若主应力是切应力，则裂纹一般呈平滑的大耦合特征；若主应力是拉应力，则裂纹一般呈锯齿状的小耦合特征。

（2）除某些沿晶裂纹外，绝大多数裂纹尾端是尖锐的。

（3）裂纹的深度大于宽度，是连续型的缺陷。

（4）裂纹有各种形状，如直线状、分枝状、龟裂状、辐射状、环形状、弧形，形状往往与形成的原因密切相关。

2. 裂纹的宏观检查

宏观检查的主要目的是确定检查对象是否存在裂纹。除通过肉眼进行直接外观检查和采取简易的敲击测音法外，通常采用无损检测方法，如 X 射线、磁探伤、渗透、超声波、荧光等检测裂纹。

3. 裂纹的微观检查

为了进一步确定裂纹的性质和产生的原因,对裂纹需要进行微观分析,一般用金相分析和电子显微分析来检查。微观检查的主要内容如下:

(1) 裂纹形态特征,如裂纹的分布是穿晶的还是沿晶的,主裂纹附近有无微裂纹和分支等。

(2) 裂纹及其附近区域的晶粒度有无显著粗大细化以及大小不均匀的现象,晶粒是否变形,裂纹与晶粒变形的方向是平行还是垂直等。

(3) 裂纹附近是否存在碳化物或非金属夹杂物,其形态、大小、数量及分布情况如何;裂纹源是否产生于碳化物或非金属夹杂物周围,裂纹扩展与夹杂物之间有无联系。

(4) 裂纹两侧是否存在氧化和脱碳,有无氧化物和脱碳组织。

(5) 产生裂纹的表面是否存在加工硬化层或回火层。

(6) 裂纹萌生处及扩展路径周围是否有过热组织、魏氏组织等缺陷。

4. 产生裂纹部位的分析

裂纹的形成主要归结于应力因素。但裂纹产生的部位往往很特殊,可能与构件局部结构形状引起的应力集中有关,也可能与材料缺陷引起的内应力集中等因素有关。

1) 结构形状引起的裂纹

由于结构上的需要或由于设计上的不合理,或制造过程中形成的缺陷,或在运输过程中由于碰撞而形成的尖锐凹角、凸边或缺口,截面尺寸突变或台阶等"结构上的缺陷",这些缺陷在制造和使用过程中将产生很大的应力集中,并可能导致裂纹。所以,要注意裂纹所在部位与结构形状之间关系的分析。

2) 材料缺陷引起的裂纹

材料本身的缺陷,尤其是表面缺陷,如夹杂、划痕、折叠、氧化、脱碳、粗晶及气泡、疏松、偏析、白点、过热、过烧、发纹等,不仅直接破坏了材料的连续性,降低了强度与塑性,而且往往会在这些缺陷的尖锐前沿形成很大的应力集中,使材料在很低的应力下产生裂纹并扩展,最后导致断裂。

3) 受力状况引起的裂纹

如果材料质量合格,构件形状设计合理,则裂纹将在应力最大处形成,有随机分布的特点。此时,为了判别裂纹启裂的真实原因,要特别侧重对应力状态的分析,尤其是非正常操作工况下的应力状态,如超载、超温等。

1.5 失效模式及原因

对于机械装备而言，断裂失效、腐蚀失效、磨损失效及变形失效是主要的失效形式。装备及其构件在设计寿命内发生失效，原因是多方面的。

1.5.1 失效模式

断裂失效又分为韧性断裂失效、脆性断裂失效和疲劳断裂失效。构件在断裂之前产生显著的宏观塑性变形的断裂称为韧性断裂失效；构件在断裂之前没有发生或很少发生宏观可见的塑性变形的断裂称为脆性断裂失效；构件在交变载荷作用下，经过一定的周期后所发生的断裂称为疲劳断裂失效。腐蚀是材料表面与服役环境中发生物理或化学反应，使材料发生损坏或变质的现象，装备发生腐蚀使其不能发挥正常的功能则称为腐蚀失效。腐蚀有多种形式，有均匀遍及构件表面的均匀腐蚀和只在局部地方出现的局部腐蚀，局部腐蚀又有点腐蚀、晶间腐蚀、缝隙腐蚀、应力腐蚀开裂、腐蚀疲劳等。当材料的表面相互接触或材料表面与流体接触并做相对运动时，由于物理和化学的作用，材料表面的形状、尺寸或质量发生变化的过程称为磨损。由磨损而导致的装备功能丧失称为磨损失效。磨损有多种形式，其中常见黏着磨损、磨料磨损、冲击磨损、微动磨损、腐蚀磨损、疲劳磨损等。变形失效又分为弹性变形失效和塑性变形失效。当应力或温度引起构件可恢复的弹性变形大到足以妨碍装备正常发挥预定的功能时，就出现弹性变形失效；当受载荷的构件产生不可恢复的塑性变形大到足以妨碍装备正常发挥预定的功能时，就出现塑性变形失效。

1.5.2 失效原因

装备失效主要是由设计不合理、选材不当及材料缺陷、制造工艺不合理、使用操作和维修不当四方面原因引起的，可以是单方面的原因，也可能是交错影响，要具体分析。

1. 设计不合理

由于设计上考虑不周密或认识水平的限制，构件或装备在使用过程中失效时有发生，其中结构或形状不合理，构件存在缺口、小圆弧转角、不同形状过渡区等高应力区，设计不恰当引起的失效比较常见。设计中的过载荷、应力集中、结构选择不当、安全系数过小（追求轻巧和高速度）及配合不合适等都会导致构件及装备失效。构件及装备的设计要有足够的强度、刚度、稳定性，结构设计要合理。分析设计时引起失效的原因尤其要注意。对复杂装备未做可靠的应力计算，或对装备在服役中所承受的非正常工作载荷的类型及大小未做考虑，对工作载荷确定和应力分析准确的装备，如果只考虑拉伸强度和屈服强度数据的静载荷能，而忽视了脆性断裂、低循环疲劳、应力腐蚀及腐蚀疲劳等机理可能引起的失效，都会在设计上造成严重的错误。

2. 选材不当及材料缺陷

装备及构件的材料选择要遵循使用性原则、加工工艺性能原则及经济性原则，其中遵循使用性原则是首先要考虑的。在特定环境中使用的构件，对可预见的失效形式要为其选择足够的抵抗失效的能力。如对韧性材料可能产生的屈服变形或断裂，应该选择足够的拉伸强度和屈服强度；但对可能产生的脆性断裂、疲劳及应力腐蚀开裂的环境条件，高强度的材料往往适得其反。在符合使用性能的原则下选取的结构材料，对构件的成型要有好的加工工艺性能。在保证构件使用性能、加工工艺性能要求的前提下，经济性也是必须考虑的。选材不当引起的构件及装备的失效时有发生。例如，某工厂原使用引进的管壳式热交换器一台，壳体及管子均为18-8铬镍奥氏体不锈钢，基于生产需要按原图纸再加工一台，把壳体改为低碳钢与18-8铬镍复合钢板，管子仍为18-8铬镍钢，投入使用即发生壳体横向开裂，分析原因表明，壳体因材料热膨胀系数差异引起过大的轴向温差应力，是热交换器壳体材料选用复合钢板后又未对换热器结构做改进所造成的失效。装备及构件所用原材料一般经冶炼、轧制、锻造或铸造，制造过程中形成的缺陷往往会导致失效。例如，冶炼工艺较差会使金属材料中有较多的氧、氢、氮以及杂质和夹杂物，这不仅会使钢的性能变脆，甚至还会成为疲劳源，导致早期失效。而轧制工艺控制不当会使钢材表面粗糙、凹凸不平，产生划痕、折叠等。铸件容易产生夹杂、疏松、偏析、内裂纹，这些都可能引起脆断，因此要求强度高的重构件较少用铸件。由于锻造可明显改善材料的力学性能，因此许多受力零部件尽量采用锻钢。但是，锻造过程中也会产生各种缺陷，如过热、裂纹等，从而导致装备在使用过程中失效。

3. 制造工艺不合理

装备及其构件往往要经过机加工（车、铣、刨、磨、钻等）、冷热成型（冲、卷、弯等）、焊接、装配等制造工艺过程。若工艺规程制定不合理，在加工成型过程中往往就会留下各种各样的缺陷。例如，机械加工常出现的回角过小、倒角尖锐、裂纹、划痕；冷热成型的表面凹凸不平、不直度、不圆度和裂纹；在焊接时产生的焊缝表面缺陷（咬边、焊缝凹陷、焊缝过高）、焊接裂纹、焊缝内部缺陷（未焊透、孔、夹渣），焊接热影响区更因在焊接过程经受的温度不同，使其发生不同的组织转变，有可能产生组织脆化和裂纹等缺陷；组装的错位、不同心度、不对中及组装留下较大的内应力等。所有这些缺陷如超过限度则会导致装备失效。

4. 使用操作和维修不当

使用操作不当是装备失效的重要原因之一，如违章操作，超载、超温、超速；缺乏经验、判断错误；无知和训练不够；主观臆测、责任心不强、粗心大意等都造成失效的隐患。对装备的检查、检修和更换不及时或没有采取适当的修理、防护措施，也会引起装备失效。

第 2 章 近海大气环境概述

环境在装备失效与防护方面起着重要的作用。可能影响装备失效的环境因素包括环境成分、pH 值、湿度、风或水流，以及温度。上述因素存在于以下类型的环境中，即大气、水和土壤。

2.1 大气环境

由于污染物、湿度、降雨量、风和温度不同，大气环境下装备失效情况可能存在很大的差异。通过大量大气试验项目，可以用金属腐蚀率表征金属对各种形式腐蚀的敏感性。一种典型的大气腐蚀试验台架，如图 2-1 所示。将环境分类为农村、城市、工业、海洋等不同的类型。四种主要环境类型的一般特征如表 2-1 所列。

图 2-1 大气腐蚀试验台架

表 2-1　大气环境类型

大气类型	说明
农村	• 一般来说腐蚀性最小 • 不含任何大量污染物 • 主要腐蚀剂是氧气和水分含量
城市	• 类似于农村，但存在有硫氧化物（SO_x）以及来自车辆和燃料排放的氮氧化物（NO_x）
工业	• 来自重工业加工设施的二氧化硫、氯化物、磷酸盐和硝酸盐等污染物 • 特殊情况包括：对大多数金属具有高度腐蚀性的硫化氢、氯化氢和氯等污染物
海洋	• 通常腐蚀性高 • 以氯化物颗粒为特征 • 在寒冷天气地区使用的除冰盐，能够产生类似于海洋的环境

在上述四种主要环境类型中，根据天气和气候等因素的不同，腐蚀情况还可进一步细分。影响腐蚀的其他因素还包括温度、湿度和降雨量。上述环境的相对腐蚀率如表 2-2 所列。

表 2-2　不同大气环境中的相对腐蚀率

腐蚀率	环境类型		
高	热带	工业	海洋
中	温带	郊区	内陆
低	极地	农村	

2.2　大气污染物

大气污染物的主要来源是海洋中的氯化物、工业和汽车污染物。上述污染物沉积在金属表面上，与氧气、水分和自由电子发生反应，产生具有不同溶解度的金属化合物，使装备出现腐蚀失效问题。大气中存在的氯盐，将显著提高大多数金属的腐蚀率。如果金属为黑色金属，则氯阴离子与亚铁阳离子结合，产生氯化铁。相对于在良性环境中生成的氢氧化铁，氯化铁的溶解性更强，其腐蚀率更高。例如，铜和锌等金属生成的金属氯化物，比氯化亚铁的溶解性差。因此，这类金属的腐蚀率会更高，但不会达到黑色金属的程度。值得注意的是，在冬季道路上使用的除冰盐，其腐蚀机理类似于海洋大气环境中。二氧化硫（SO_2）和一氧化二氮（N_2O）存在于燃烧化石燃料的工业和城市环境中。沉积在金属表面上的二氧化硫将与来自金属表面的氧和自由电子发生反应，产生硫酸根离子，即

$$SO_2 + O_2 + 2e^- \rightarrow SO_4^{2-} \tag{2.1}$$

硫酸根离子将导致生成金属硫酸盐，金属硫酸盐又与水反应以完成腐蚀过程，即

$$FeSO_4 + 2H_2O \rightarrow FeOOH + SO_4^{2-} + 3H^+ + e^- \tag{2.2}$$

由式（2.2）可知，如果是黑色金属，将再次产生硫酸根离子，一旦遇到二氧化硫，就将发生自腐蚀过程。其他金属一般不容易发生上述过程，同时，大多数金属硫酸盐也不溶于硫酸铁。尽管氮氧化物不像二氧化硫那样容易沉积在金属上，但是其存在也可以类似的方式增加金属的腐蚀率。还有一些其他不太常见的、或者存在于特殊的工业环境中的大气污染物。硫化氢对大多数金属具有极强的腐蚀性。该化合物一般存在于炼油和石油工业中。相对于氯盐环境，氯化氢和氯气能够产生更高的腐蚀率。氨、三氧化硫和烟雾颗粒，也会增加大多数金属的大气腐蚀。上述主要污染物的典型浓度如表 2-3 所列。

表 2-3 数种大气污染物的典型浓度

污染物	地区	季节	典型浓度/($\mu g \cdot m^{-3}$)
二氧化硫（SO_2）	工业	冬季	350
	工业	夏季	100
	农村	冬季	100
	农村	夏季	40
三氧化硫（SO_3）			大约1%的SO_2含量
硫化氢（H_2S）	工业	春季	1.5~90
	城市	春季	0.5~1.7
	农村	春季	0.15~0.45
氨（NH_3）	工业		4.8
	农村		2.1
氯化物（Cl^-，空气采样）	工业内陆地区	冬季	8.2
	工业内陆地区	夏季	2.7
	农村沿海地区	年度（平均）	5.4

续表

污染物	地区	季节	典型浓度/($\mu g \cdot m^{-3}$)
氯化物（Cl^-，降雨取样）	工业内陆地区	冬季	7.9
		夏季	2.7
	农村沿海地区	冬季	57 mg/L
		夏季	18 mg/L
烟雾颗粒	工业	冬季	250
		夏季	100
	农村	冬季	60
		夏季	15

2.3 湿度和降雨

湿度也是一项决定金属腐蚀率的主要因素，其原因是水分提供了发生腐蚀反应所需的电解质。通常情况下，腐蚀率随着湿度的增加而增加。在没有其他电解质的情况下，发生严重腐蚀的临界相对湿度水平通常为60%。该临界水平的相对湿度，可以根据大气中存在杂质的情况而发生变化。降雨可以增加或减少腐蚀过程。在积水聚集地区，最有可能形成局部腐蚀电池。但是，降雨也可能会清除金属表面的腐蚀性沉积物，从而降低腐蚀性。

2.4 风

在大气污染物传播的过程中，风影响了传播方向和距离。大气环境的腐蚀性以及金属的一般腐蚀率，与其距离以及与沿海水域和工业工厂的接近程度有关。

2.5 温度

温度会对金属的腐蚀产生显著的影响，腐蚀率会随着温度的升高而增加。温度也会对腐蚀形式产生影响，如改变温度可以将腐蚀机制从均匀腐蚀变为点蚀。温度还可以蒸发金属表面上的冷凝水分，从而留下腐蚀性污染物。高温会产生一种腐蚀形式，其中气体将变成电解质而不是液体介质，又称为高温腐蚀。

2.6 大气腐蚀性算法

通过一些成熟的腐蚀性算法，可以计算给定环境条件下的腐蚀性数值。这里提到的两种算法，分别来自美国空军赞助的 Pacer Lime 项目和 ISO 9223 标准。然而，上述方法使用平均值计算腐蚀性指数，并且仅能提供各种环境中大气腐蚀性的一般表征。

在 Pacer Lime 项目中，Summit 和 Fink 开发了一种大气腐蚀严重性分类系统，该系统可为飞机维护提供管理信息。在美国空军的许多基地进行了大气环境条件的测量，以计算大气腐蚀性算法。大气腐蚀性算法中的环境条件包括与沿海水域的距离、二氧化碳含量、总悬浮颗粒、湿度和降雨量。该算法建立了一个严重性指数，可用于对飞机各类预防性维修任务的频率规划。大气腐蚀性算法所确定的飞机清洗频率如图 2-2 所示。

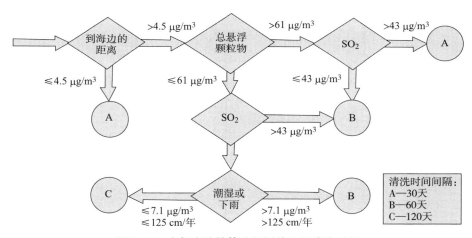

图 2-2 大气腐蚀性算法规划的飞机清洗时间

ISO 9223 标准使用湿润时间和二氧化硫和氯化物的沉积速率，来计算大气腐蚀性指数。湿润时间以每年的小时数为单位，具体是指相对湿度大于 80% 且温度高于 0℃ 的时间。上述三个条件被划分为 5 个范围，用于产生表 2-4 所列的 5 个腐蚀类别。

表 2-4　经过一年暴露后的 ISO 9223 腐蚀类别与腐蚀率

腐蚀类别 \ 腐蚀率	钢/(g·m^{-2}·年$^{-1}$)	铜/(g·m^{-2}·年$^{-1}$)	铝/(g·m^{-2}·年$^{-1}$)	锌/(g·m^{-2}·年$^{-1}$)
C_1	10	0.9	可忽略	0.7
C_2	11~200	0.9~5	0.6	0.7~5
C_3	210~400	5~12	0.6~2	5~15
C_4	401~650	12~25	2~5	15~30
C_5	651~1500	25~50	5~10	30~60

2.7　大气腐蚀管理

减少大气腐蚀影响的一般方法包括以下内容：
（1）正确选择环境类型和腐蚀性污染物的材料。
（2）正确进行部件/系统设计，以限制污染物和水的积累。
（3）在可行的情况下，使用有机和/或金属涂层和密封剂。
（4）气相腐蚀抑制剂可用于微环境，如锅炉内部。

第3章
金属材料耐腐蚀的特性与性能

材料是组成装备的基础，材料特性是决定装备失效与否的关键，也是研究装备防护的首要前提。从装备材料组成来看，主要有钢、铝和铝合金、铜和铜合金、橡胶等。通常来讲，金属失效主要由于腐蚀，而腐蚀程度和形式主要取决于环境条件。部分金属耐腐蚀性，而另一部分金属则易被腐蚀，这些特性决定了金属在特殊环境下是否失效。对于橡胶等非金属材料而言，不同种类的橡胶材料特性亦有所区别，这些特性决定了其在近海环境下的反应差异，决定了失效的程度和时间。本章主要对装备中常用的金属和非金属材料特性进行讨论，分析不同材料的金属耐腐蚀特性、非金属抗老化等。同时，简要分析不同材料防护措施，为研究近海环境装备失效与防护奠定基础。

3.1 钢

钢是装备中最常用的材料，也是用量最大的材料。车辆的车体、机械传动部分、履带，枪械的枪身、复进机构、导气机构等，军用船舶、舰艇、飞行器等，都是由钢质部件组成。钢本身具有一定的抗腐蚀能力，硬度和韧性等方面都有一定的优势，因而被广泛使用。由于作战使用环境的复杂多变，特别是近海环境带来的特殊影响，使得钢及其特性的研究显得尤为重要。从耐腐蚀性角度，钢可大致分为三类：①碳钢的总合金含量高达约2%，主要添加物为碳、锰、磷和硫；②低合金钢又称为低碳合金钢，合金含量为2%~11%，与添加铜、镍、铬、硅和磷的碳钢相比，低合金钢可以提高耐腐蚀性；③高耐腐蚀钢又称为不锈钢，由含量不小于11%的铬和不同量的其他元素构成。

3.1.1 耐腐蚀特性

能够提高钢耐腐蚀性的主要合金元素包括铜、铬、硅、磷和镍。

1. 碳钢和低合金钢

对于碳钢，添加 0.01%～0.05% 的铜，对于提高一般耐腐蚀性具有最大效果，如图 3-1 所示，其他元素与耐腐蚀性的关系如图 3-2 所示。添加少量的铬，可显著提高抗拉强度，并提高耐腐蚀性，从而形成高强度低合金（High Strength Low Alloy，HSLA）钢。含有少量铬、镍和铜的低合金钢又称耐腐钢，在非海洋大气环境中具有良好的耐腐蚀性，且无须任何涂层。许多内陆桥梁建筑，均使用耐腐钢。

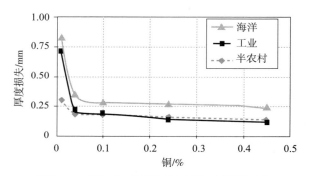

图 3-1 添加铜对钢材大气均匀腐蚀的影响

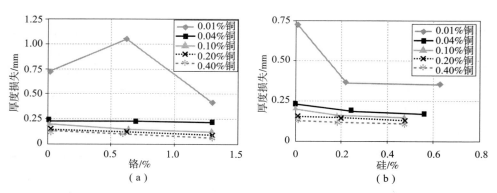

图 3-2 添加合金元素对钢材大气均匀腐蚀的影响（1 mil = 2.54×10^{-5} m）

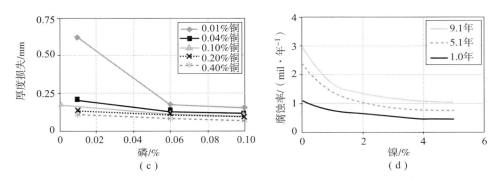

图 3-2 添加合金元素对钢材大气均匀腐蚀的影响（1 mil = 2.54 × 10⁻⁵ m）（续）

2. 不锈钢

不锈钢含有铬大于等于 11%。较高的铬含量可以形成氧化铬保护膜，可以大大提高钢的抗氧化性。不锈钢通常需要暴露在钝化溶液中，以改善保护膜的形成。耐腐蚀性通常随着铬含量的增加而增加，并且随着碳含量的增加而降低。不锈钢非常适合用于氧化环境，但是在卤素酸或卤盐溶液中，则容易受到腐蚀的影响。在海水环境中，也容易受到点腐蚀的影响。

3. 奥氏体不锈钢

奥氏体不锈钢是最常见的一种不锈钢，适合于轻度至重度腐蚀性环境，具体取决于合金化程度。与其他钢相比，奥氏体不锈钢是非磁性的。可用于温度达到 600℃ 的环境，以及低温范围内的低温环境。几乎所有奥氏体不锈钢都是 18Cr-8Ni（304 不锈钢）合金的改性，不锈钢的加工难度限制了其中的铬含量。现已发现，氮是奥氏体不锈钢的相稳定剂，在此基础上还可以添加更多的钼含量（可高达约 6%），增强奥氏体不锈钢在氯化物环境中的耐腐蚀性。其他可提高特定环境耐腐蚀性的添加剂包括：用于高温环境的高铬合金，以及用于无机酸环境的高镍合金。奥氏体不锈钢合金及其在耐腐蚀性方面的特性如表 3-1 所列。

表 3-1 奥氏体不锈钢合金

奥氏体不锈钢合金	耐腐蚀特性
301，302，303，303Se，304，304L，304N	上述等级之间的一般耐腐蚀性没有显著变化。304 钢，包括 304L 和 304N，略优于其他。303 钢的一般耐腐蚀性最低，对点腐蚀的敏感性更高
302B	用 2.5% 硅改性的 302 钢，在高温条件下具有更强的抗氧化性

续表

奥氏体不锈钢合金	耐腐蚀特性
321,347,348	通常具有与上述合金相同的耐腐蚀性,并具有对热敏化免疫的附加好处。可通过添加钛和/或铌而完成稳定化
305,384	镍含量越高,耐腐蚀性越高
308,309,309S,310,310S	铬和镍含量都较高,在高温条件下的耐腐蚀性和氧化性更强
314	与310钢类似,但可添加硅以获得更好的耐受性,尤其是对硫酸的耐受性
316,316L,316F,316N,317,317L	与310钢具有相同的一般耐腐蚀性,但局部耐腐蚀性更高,尤其是对点腐蚀的耐受性更好

4. 铁素体不锈钢

铁素体不锈钢通常与奥氏体不锈钢的耐腐蚀特性不同。它们具有相对高的屈服强度和低延展性,并且具有磁性。铁素体对某些元素(如碳和氮)的溶解度低。铁素体不锈钢能够在温差较小的情况下从韧性转变为脆性,这种现象一般在高于环境温度时发生。铁素体不锈钢中碳和氮含量将随着铬含量的增加而增加。使用氩-氧脱碳(Argon-Oxygen Decarburization,AOD)工艺,可以使铁素体不锈钢显著降低碳和氮的含量。此外,还可以加入钛和铌等反应性元素,以对部分碳和氮进行沉淀。含有碳和氮的铁素体不锈钢合金,在进行热处理、焊接或暴露在其他热源的情况下,容易发生晶间腐蚀。较新型的合金(如444合金)具有较低的碳和氮含量,使用了氩-氧脱碳工艺,含有更多的铬和钼,从而使合金更易于焊接且更加坚韧,但其韧性仍然不足。铁素体不锈钢可用于热传递应用,其原因是它们在氯化物环境中具有很高的抗应力腐蚀开裂性能。409合金可专门制造汽车排气部件。表3-2列出了具有耐腐蚀特性的铁素体合金。

表3-2 铁素体不锈钢合金

铁素体不锈钢合金	耐腐蚀特性
405	12.5%铬,0.08%碳,0.10%~0.30%铝,低耐腐蚀性,适用于焊接,主要用作压力容器衬里
409	10.5%~11.75%铬,钛作为稳定剂。在所有不锈钢中,耐腐蚀性最低
429	含有14.0%~16.0%铬和少量的碳,具有比430钢更高的可焊性

续表

铁素体不锈钢合金	耐腐蚀特性
430，430F，430FSe，434，436	17%铬，具有很高的耐大气腐蚀性和耐多种化学品的能力。430F具有更低的耐腐蚀性和可加工性；434钢具有1.0%的钼，可增强耐点腐蚀性；436钢具有1.0%的钼，以及最高为0.7%的铌和钽，可增强碳化物稳定性，更适合高温条件
442，446	442钢含有18.0%~23.0%的铬，446钢含有23.0%~27.0%铬，在热处理设备中的耐腐蚀性没有明显增加，其原因是它们具有高耐抗垢性

5. 马氏体不锈钢

马氏体不锈钢的耐腐蚀性比奥氏体不锈钢低得多，通常也略低于铁素体不锈钢。与其他不锈钢相比，马氏体不锈钢含有较低的铬和较高的碳。这种结构使马氏体不锈钢具有一种强而脆的特性，然而在韧性方面却显得不足。现已发现，在较低碳水平下添加氮、镍和钼，可生成具有更好韧性和耐腐蚀性的合金。表3-3列出了不同等级马氏体不锈钢的耐腐蚀特性。

表3-3 马氏体不锈钢合金

马氏体不锈钢合金	耐腐蚀特性
403，410	含有约12.5%铬，无其他合金元素
416，416Se	含有约12.5%铬，在使用添加剂的条件下，可提高可加工性，但是会降低耐腐蚀性
414，431	两者的镍添加量约为2%，414钢是12-2合金，431钢是16-2合金。与其他马氏体不锈钢相比，它们具有更高的耐腐蚀性，其中431钢是具有最高耐腐蚀性的合金
420，420F	含有较高的铬，但耐腐蚀性没有超过410钢。420F钢加入了硫，以获得可加工性，耐腐蚀性略有下降
422	添加了12.5%的铬，以改善高温性能
440A，440B，440C	更高的铬含量和高碳含量，由于碳的存在，该类马氏体不锈钢的耐腐蚀性最差

6. 沉淀硬化不锈钢

沉淀硬化（Precipitation Hardening，PH）不锈钢是铬镍合金在中等高温下完成硬化，添加可形成金属间沉淀物（如铜或铝）元素而形成的不锈钢。沉淀硬化不锈钢可具有奥氏体、半奥氏体或马氏体的结构。一旦硬化，材料不得进一步暴露在高温下（包括焊接和高温环境暴露），因为高温会使沉淀物发生变化，从而降低材料的强度。表 3-4 列出了沉淀硬化不锈钢的耐腐蚀特性。

表 3-4 沉淀硬化不锈钢合金

沉淀硬化不锈钢合金	耐腐蚀特性
630	使用铜作为硬化剂。具有类似于 304 钢奥氏体不锈钢腐蚀特性的马氏体结构
631	在热处理条件下具有双相结构。具有高强度和良好的耐腐蚀性
632	与 630 钢类似，但添加钼可提高强度和抗点腐蚀能力
633	具有双相结构，与其他沉淀硬化不锈钢相比，具有更高的合金含量，从而提高了耐腐蚀性
634	具有半奥氏体结构，添加钼可防止点腐蚀

7. 双相不锈钢

双相不锈钢是两相材料，含有大致相等含量的铁素体相和奥氏体相，专门用作高耐腐蚀性材料。双相不锈钢含有高含量的铬（20% ~ 30%），镍（5% ~ 10%）和低含量的碳（小于 0.03%）。可另外含有钼、氮、钨和铜作为改性剂，以增加在特定环境中的耐腐蚀性。双相不锈钢的强度约为奥氏体不锈钢的 2 倍，对氯化物所引起的应力腐蚀开裂和点腐蚀的抵抗力更强。双相不锈钢腐蚀率变化特性如图 3-3 所示。

2304: Fe – 23Cr – 4N – 0.1N
2205: Fe – 22Cr – 5.5Ni – 3Mo – 0.15N
2505: Fe – 25Cr – 5Ni – 2.5Mo – 0.17N – Cu
2507: Fe – 25Cr – 7Ni – 3.5Mo – 0.25N – W – Cu

腐蚀率增加

图 3-3 双相不锈钢腐蚀率变化特性

双相不锈钢广泛用于石油和天然气生产设备中，对腐蚀副产物具有优异的耐受性。还用于替换在化学腐蚀性环境和传热设备中具有腐蚀问题的其他不锈钢，其原因是双相不锈钢具有更好的抗应力腐蚀开裂性能。

8. 铁基高温合金

铁基高温合金也是不锈钢的延伸品种。含有 20% ~ 30% 的铬和其他合金元素。在高于双相不锈钢的工作温度的环境中，可提供良好的耐腐蚀性，但其工作温度低于镍基高温合金（高达约 815℃）。铁基高温合金的成本低于镍基高温合金，使其在该工作温度范围内具有成本优势。铁基高温合金可用于制造熔炉、蒸

第3章 金属材料耐腐蚀的特性与性能　37

汽和燃气轮机，还可用于化学加工设备的结构部件。

3.1.2 耐腐蚀能力

由于合金含量起主要作用，钢的耐腐蚀能力差异很大。碳合金钢和低合金钢具有第二高的均匀腐蚀速率，而高合金不锈钢通常仅容易受到局部腐蚀的影响。下面重点介绍钢对不同腐蚀形式的材料特性。

1. 均匀腐蚀

碳合金钢和低合金钢易受均匀的大气腐蚀，而不锈钢则被认为具有耐腐蚀性。图3-4总结了在各种碳合金钢和低合金钢上收集的数据，上述钢材在自然大气环境中进行了均匀腐蚀测试。图3-4清楚地显示了腐蚀率随时间的下降规律。

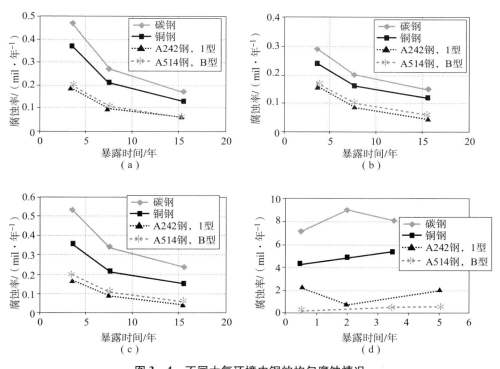

图3-4 不同大气环境中钢的均匀腐蚀情况
(a) 工业环境；(b) 农村环境；(c) 半工业环境；(d) 严酷海洋环境

2. 点腐蚀和缝隙腐蚀

不锈钢在近海环境中容易受到点腐蚀和缝隙腐蚀的影响，特别是当完全浸没在盐水中时更是如此。不锈钢已经在船上使用，并且在海洋大气环境中表现出优异的性能。平时只需经常将沉积物从表面上冲洗掉，便可有效避免盐沉积物引起的点腐蚀和缝隙腐蚀。在低速海水环境（小于 5 ft/s）（1 ft = 0.305 m）中，所有不锈钢合金都会出现点腐蚀的现象。当海水流速较高时，可抑制沉积物和海洋生物生长，从而确保暴露的表面上不会发生点腐蚀。而在海水流速较高的情况下，则会发生缝隙腐蚀。添加钼有利于抑制点腐蚀和缝隙腐蚀。

3. 应力腐蚀开裂

造成钢材应力腐蚀开裂的主要原因是强度和环境敏感性。高强度钢在腐蚀性环境中易受应力腐蚀开裂的影响。不锈钢在海洋大气中失效，往往是应力腐蚀开裂所造成的。钢在海洋大气环境中的应力腐蚀开裂敏感性，如表 3-5 ~ 表 3-7 所列。

表 3-5 大气近海环境中具有高应力腐蚀性能耐受性的钢材

材质	类型	热处理	说明
300 系列不锈钢 303，304，316、321，347	奥氏体	退火处理	应力材料在氯化物溶液中会发生裂纹。退火材料的强度不高。冷加工材料可以产生高强度钢材，但必须进行应力消除
17-4 PH	马氏体	H1000 及以上	
17-7 PH	半奥氏体	CH900	冷加工（60%）和老化（900 ℉）可产生强度
PH13-8Mo	马氏体	H1000 及以上	
15-5 PH	马氏体	H1000 及以上	
PH15-7Mo	半奥氏体	CH900	冷加工（60%）和老化（900 ℉）可产生强度
PH14-8Mo	半奥氏体	CH900	冷加工（60%）和老化（900 ℉）可产生强度
AM-350	半奥氏体	SCT1000 及以上	
AM-355	半奥氏体	SCT1000 及以上	
定制 455	半奥氏体	H1000 及以上	
A-286	奥氏体	溶液处理和陈化	
A-286	奥氏体	冷加工和老化	冷加工（60%）和老化（1 200 ℉）可产生强度

续表

材质	类型	热处理	说明
Inconel 718	面心立方体	溶液处理和陈化	
Inconel X-750	面心立方体	溶液处理和陈化	
Rene 41	面心立方体	溶液处理和陈化	
MP 35N	面心立方体	溶液处理和陈化	溶液退火、冷加工（60%）和老化
瓦氏合金	面心立方体	溶液处理和陈化	
低合金钢 4130, 4140, 4340, 8740	马氏体	溶液处理和陈化	对回火的应力腐蚀开裂具有高耐受性, 可达到 160 kpsi 或更低的强度
马氏体时效钢	马氏体	溶液处理和陈化	如果热处理至 200 kpsi 或更低, 则具有高腐蚀耐受性

注：1 kpsi = 6.89 MPa。

表 3-6　精心维护条件下，在大气近海环境中具有高应力腐蚀性能耐受性的钢材

材质	类型	热处理	说明
低合金钢 4130, 4140, 4340, 8740, D6AC, HY-TUF	马氏体	淬火和锻炼	如果回火到 160~180 kpsi, 则对应力腐蚀开裂具有良好的耐受性
马氏体不锈钢	马氏体	溶液处理和陈化	所有三个等级：200, 250, 300
400 系列不锈钢 410, 416, 422, 431	马氏体	淬火和锻炼	如果在 1100°F 或更高温度下回火, 则不易受腐蚀影响
15-5 PH	马氏体	H950~H1000	
PH13-8Mo	马氏体	H950~H1000	
17-4 PH	马氏体	H950~H1000	
AM-355	半奥氏体	SCT950~H1000	

表 3-7　大气近海环境中具有低应力腐蚀性能耐受性的钢材

材质	类型	热处理	说明
低合金钢 4130, 4140, 4340, 8740, D6AC, HY-TUF	马氏体	淬火和锻炼	如果经过调整能够达到 180 kpsi 及更高的强度, 则非常容易受应力腐蚀开裂的影响
H-11	马氏体	淬火和锻炼	

续表

材质	类型	热处理	说明
17-7 PH	半奥氏体	所有的热处理除外 CH900	
PH15-7Mo	半奥氏体	除 CH900 外的所有热处理	
AM-355	半奥氏体	SCT900 以下的热处理	
400 系列不锈钢 410,416,422,431	马氏体	淬火和锻炼	在二次硬化范围（500~1 000 ℉）内非常敏感

4. 晶间腐蚀

部分不锈钢可发生晶间腐蚀，主要原因是在晶界处碳化铬产生沉淀。在奥氏体不锈钢中，碳化铬在高于 1 900 ℉ 的温度下会完全溶解。当从上述温度缓慢冷却时，可以在晶界处形成碳化铬。碳化铬也可以通过将奥氏体不锈钢再加热到 800~1 200 ℉ 的温度范围而形成。在铁素体不锈钢的晶界处形成碳化铬沉淀物，温度需要高于 1 700 ℉。降低不锈钢对晶间腐蚀的敏感性的方法包括：限制碳含量，以及添加可优先生成碳化物的钛或铌。

5. 钢中的氢侵蚀

对于钢而言，氢侵蚀机理有多种。除了金属氢化物外，钢对其他种类氢化物都很敏感。现有的钢中，虽然大家都熟知韧性钢易受到氢侵蚀，但高强度钢更加容易受到氢侵蚀。

3.1.3 特殊环境下的耐腐蚀性

尽管碱性环境也可能导致腐蚀增加，但是与大多数金属一样，酸性环境能够对钢带来更多严重腐蚀问题。钢中酸的腐蚀率取决于酸的成分、浓度和温度。随着酸浓度的增加，盐酸中钢的腐蚀率会不断增加。在硫酸中，腐蚀率虽然会增加，但是达到无效浓度水平后，腐蚀率就不再发生变化，如图 3-5 所示。如果通过机械或化学方法损坏钝化膜，则浓缩溶液中的腐蚀率将显著增加。

硝酸容易对碳合金钢和低合金钢形成侵蚀。奥氏体不锈钢和铝合金，能够形成坚固的黏附氧化膜，这使它们可以更加耐硝酸腐蚀环境。氢氧化钠和氢氧化钾对钢具有类似的作用，均匀腐蚀率通常不大于 2 mil/年。低合金钢暴露在氢氧化钠和氢氧化钾环境中时，对应力腐蚀开裂敏感，又称为苛性脆化。温度和氢氧化钠浓度与观察到裂缝的关系，如图 3-6 所示。

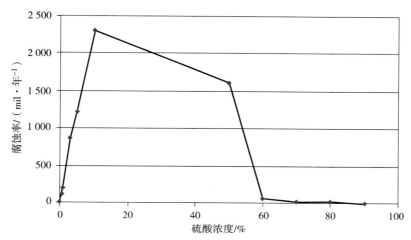

图 3-5 室温下硫酸对碳钢的均匀腐蚀

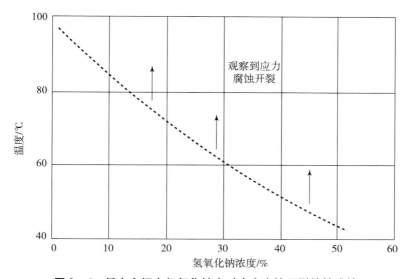

图 3-6 低合金钢在氢氧化钠中对应力腐蚀开裂的敏感性

从以上的腐蚀特性中可以看出，对碳合金钢和低合金钢进行腐蚀防护是十分必要的。现在已有许多涂层、工艺等用于腐蚀防护，如表 3-8 所列。

表 3-8　钢的腐蚀防护方法

转化涂料	表面改性
抑制剂	腐蚀预防化合物
金属覆层	热浸涂层工艺
连续电沉积	电镀
有机涂料（油漆）	富锌涂料
瓷釉	热喷涂工艺
气相沉积涂层	包装胶结涂层

3.2　铝和铝合金

相对于钢而言，铝具有质量轻、抗腐蚀能力强的特点，因而常被用于对质量要求有限制的装备。例如，两栖装甲车、飞机、空降突击车等装备。铝和铝合金比低碳钢更耐腐蚀。即便铝作为活性相对高的金属，但其在各种环境和化合物中却具有非常好的耐腐蚀性。铝和铝合金还具有良好的抗各种形式腐蚀侵蚀的能力。在大多数情况下，铝的耐低温腐蚀性几乎与不锈钢相当，并且在高温条件下也能提供合理的防护。此外，纯铝往往比其铝合金具有更高的耐腐蚀性，铝中的杂质增加其对于腐蚀的敏感性。因此，对于铝而言，清洁表面比具有沉积物表面更能有效地抵抗腐蚀。铝具有出色的耐腐蚀性，通常可归因于金属表面能够快速形成氧化膜，以作为抵抗腐蚀性环境的屏障。例如，在较低温度、大气和水性腐蚀环境中，氧化膜都能够非常有效地抑制腐蚀。氧化膜能够在许多环境中快速形成，但也可以通过在金属中产生电流的方式来人工形成，该方法称为阳极氧化。坚韧、几乎透明、不剥落的氧化铝膜在发生划伤或磨损时，能够进行快速修复。因此，如果需要使氧化膜失效，需要在缺氧环境进行连续机械磨损或进行化学降解。表面氧化膜的另一个优点是可以被改性或增厚，以增强其耐腐蚀性。

3.2.1　耐腐蚀特性

虽然将其他元素与铝进行铝合金化，可以改善某些性能，但往往会降低其耐腐蚀性。然而，与纯铝相比，部分元素——如镁，可以约1%的含量与铝材进行合金化，同时还不会显著降低耐腐蚀性。常见的合金元素包括铜、镁、硅和锌。铁通常不是铝的合金元素，更多情况下是污染物，并且是造成铝合金点腐蚀的主要原因。部分铝合金及其腐蚀特性将在本节进行说明。

1. 1000 系列铝合金

1000 系列铝合金含有约 99% 的铝，剩余部分由其他杂质元素组成。与纯铝一样，该系列金属在许多环境中具有优异的耐腐蚀性，但是随着杂质含量的增加，耐腐蚀性会发生下降。

2. 2000 系列铝合金（铜）

2000 系列铝合金含铜，铜是其主要合金元素。2000 系列铝合金是高强度合金，主要用于结构性部件。但是与其他铝合金相比，该系列铝合金耐腐蚀性低，对耐腐蚀性要求较高的场合通常不采用。2000 系列铝合金容易发生应力腐蚀开裂和剥落，并且铝与铜合金化后，通常容易发生均匀腐蚀、点腐蚀和晶间腐蚀。例如，当铜的添加量大于 0.15% 时，耐点腐蚀性能会下降。含铜的合金在海水和近海环境中也更容易受到腐蚀。如果将该系列中的合金稍微进行老化，则它们对应力腐蚀开裂的耐受性就会提高。然而，对 2000 系列铝合金进行固溶热处理和人工老化处理，将导致 $CuAl_2$ 铜铝合金在晶界析出，从而导致合金易受晶间腐蚀。一般来说，2020 铝合金不适合用于结构应用，但是在 T651 条件下，它确实表现出优异的抗应力腐蚀开裂性能。2024-T851 和 2219-T851 铝合金也对应力腐蚀开裂具有高度的耐受性。

3. 3000 系列铝合金（锰）

锰是 3000 系列铝合金中的主要合金元素。通常情况下，该系列合金表现出非常好的耐腐蚀性，并且对应力腐蚀开裂具有特别强的耐腐蚀能力。

4. 4000 系列铝合金（硅）

硅是 4000 系列铝合金中的主要合金元素，但它对铝的耐腐蚀性几乎没有影响。该系列合金具有一个特征，即对应力腐蚀开裂具有很强的耐受能力。

5. 5000 和 6000 系列铝合金（镁和硅）

镁是 5000 系列铝合金中的主要合金元素，可增强对水性腐蚀的防护能力。与非合金化的铝材相比，镁还可以用于增强在盐水和碱性环境中的耐腐蚀性。然而，如果将该系列铝合金作为阳极镁相，并存在于晶界中，也可能加快应力腐蚀开裂和晶间腐蚀。如果镁含量超过规定的限度，则倾向于使另一相与铝析出，从而导致对晶间腐蚀的敏感性增加。铝镁合金还易于剥落。

H30 系列条件下的 5083、5086 和 5456 铝合金不可用于结构应用，其原因是它们对应力腐蚀开裂非常敏感。另外，5454-H34 铝合金具有优异的抗应力腐蚀开裂性能。此外，如果对 5000 系列的 H116 和 H117 铝合金进行回火，则可提供良好的抗剥落性。6000 系列铝合金含有镁和硅，并将其作为主要合金元素。该系列合金更坚固，同时具有与 5000 系列合金相同优异的耐水性腐蚀性能。然而，如果硅含量大于 0.1%，则会降低耐点腐蚀性，并降低在近海环境中的耐腐蚀性。此外，过量的硅也会降低对晶间腐蚀的耐腐蚀性。相对于任何其他铝合金，含有镁或镁和硅的铝合金往往在海水和近海环境中具有最佳的抗腐蚀性。通常情况下，类似于 5000 系列，6000 系列的合金易受应力腐蚀开裂的影响，特别是镁含量大于 3% 的合金可能对应力腐蚀开裂非常敏感。然而，镁含量小于 3% 的冷加工铝镁和铝镁硅合金，对应力腐蚀开裂具有很强的耐受能力。

6. 7000 系列铝合金（锌）

硅是 7000 系列铝合金中的主要合金元素，对铝的耐腐蚀性影响很小。然而，上述合金具有更易受水性腐蚀影响的特征。高锌含量可导致对晶间腐蚀、应力腐蚀开裂和剥落腐蚀的耐受能力降低。此外，锌可降低铝在酸性环境的耐腐蚀能力，但是会增加对碱性环境的耐腐蚀能力。

在 7000 系列铝合金中，部分合金特别容易受到应力腐蚀开裂的影响，因此不适合用于结构应用。T6 条件下的 7075 高强度铝合金对应力腐蚀开裂和剥落非常敏感，但在 T73 条件下，其对应力腐蚀开裂具有较强的耐腐蚀能力。T7351 条件下的 7075 铝合金具有出色的耐应力腐蚀开裂能力。一般来说，对于 7000 系列铝合金而言，T76 回火比 T73 回火具有更强的抗剥落性能。

此外，含铬和锂的铝合金也常被使用。铬是有益的合金元素，因为它通常可提高耐腐蚀性。例如，当少量添加（0.1%~0.3%）时，铬能够提高铝镁合金和铝镁锌合金的耐腐蚀性。此外，铬能够增加高强度合金的耐应力腐蚀开裂能力，但增加了高纯度铝在水中发生点腐蚀的概率。

锂是一种化学活性金属，可能会增加铝对腐蚀的敏感性。例如，如果锂添加量小于 3%，则会导致更多的阳极铝。这表明添加锂可能只会略微增加铝对腐蚀的敏感性。此外，研究表明，铝锂合金对腐蚀的敏感性很大程度上取决于 δ 相，即铝锂相。例如，增加 δ 相的存在量，则会增加合金对腐蚀的敏感性。两种较常见的铝锂合金是 2090 铝和 8090 铝。2090 铝在耐应力腐蚀开裂方面类似于 7075 铝，并且具有比 7075 铝更高的抗剥落腐蚀性能。具有改变的表面结构的 8090 铝（热处理 T82551）已经证明比 2090 铝具有更大的抗腐蚀性。2090 铝和 8090 铝都容易发生点腐蚀和晶间腐蚀。2097 合金是另一种铝锂合金，与铝铜合金（2124 铝）相比，耐点腐蚀性能有所提高，具有相当的耐腐蚀性。不同系列铝合金耐腐蚀特性不同，各组铝合金耐腐蚀性如表 3-9 所列。

表 3-9 铝合金系列耐腐蚀性的比较

铝合金系列	主要合金元素	相对耐腐蚀性
1000 系列	无	非常高
2000 系列	铜	低
3000 系列	锰	高
4000 系列	硅	高
5000 系列	镁	非常高
6000 系列	镁，硅	高
7000 系列	锌	一般

3.2.2 耐腐蚀能力

尽管铝和铝合金耐腐蚀能力较强，但仍易受到多种类型腐蚀的影响，包括电偶腐蚀、点腐蚀、应力腐蚀开裂、晶间腐蚀、缝隙腐蚀、腐蚀疲劳，以及偶尔发生的丝状腐蚀。对其他腐蚀形式的敏感性，通常取决于合金成分和热处理。

1. 电偶腐蚀

铝与钢结合时，非常容易受到电偶腐蚀的影响。在海水中，铝在腐蚀电位系列上的位置非常低，非常容易形成阳极。因此，当与系列中较高的不同金属结合时，铝将首先发生腐蚀。石墨在系列中的位置非常高，在与铝接触时铝容易产生腐蚀。在实际应用中，使用石墨铅笔在铝上进行标记时，可能会发生电偶效应，继而引起腐蚀。

2. 点腐蚀

点腐蚀是铝和铝合金中最常见的腐蚀形式之一。含氯环境是腐蚀对铝的最大威胁之一，其原因就是在盐水和近海环境中容易发生点腐蚀。铝在高速流动的海水环境中点腐蚀比较严重，因为流动的海水抑制了保护性氧化层自动愈合。

3. 应力腐蚀开裂

添加足量的铜、镁和锌，会导致铝合金产生应力腐蚀开裂。应力腐蚀开裂取决于铝合金所暴露的环境。例如，氯化物、溴化物和碘化物环境对铝威胁较大，这些环境中铝合金更容易产生应力腐蚀开裂。然而，增加氯化物环境中的 pH 值，则可抑制铝和铝合金中的应力腐蚀开裂。在无水的氢气、氩气和空气中，铝合金抗应力腐蚀开裂能力增强，近海环境则会加剧铝合金的应力腐蚀开裂。此外，应力腐蚀开裂还受热处理和晶粒取向影响。例如，当在短横方向上施加拉伸应力时，7075 – T6（或 2024 – T4）铝合金最容易受到应力腐蚀开裂的影响，当在长横方向上施加拉伸应力时，则不易受到应力腐蚀开裂的影响，并且在纵向上施加拉伸应力时，铝合金对应力腐蚀开裂最不敏感（仅适用于样本具有较大厚度的情况，不适用于薄铝板和铸件）。喷丸处理可用于提高铝合金结构锻件、机械加工板和挤压件对应力腐蚀开裂和腐蚀疲劳的耐受能力。表 3 – 10 列出了铝合金中应力腐蚀开裂的部分已知诱导或阻止环境。表 3 – 11 列出了各种铝合金对应力腐蚀开裂的耐受性。

表 3 – 10　铝合金中应力腐蚀开裂的部分已知诱导或阻止环境

材料	已知的环境		诱导或加速应力腐蚀开裂的环境添加剂
	无应力腐蚀开裂	应力腐蚀开裂	
气体	氩气（干燥）、氮气（干燥）、氧气（干燥）、氢气（干燥）、氦气（干燥）、干燥空气	水	水
液态金属	锂、硒、铋、碲、镉、铅	汞、镓、钠、碲、锡、锌	
熔盐	氯化铝 – 氯化锂 氯化锂 – 氯化钾		
无机液体	硫酸	水	水、溴离子、氯离子、碘离子
有机液体		CCl_4、醇类、碳氢化合物、酮类、酯类	水、溴离子、氯离子、碘离子

表 3 – 11　短横向晶粒方向上的抗应力腐蚀开裂铝合金

合金和回火	轧制板	杆和棒	挤压型材	锻件
2014 – T6	低	低	低	低
2024 – T3，T4	低	低	低	低
2024 – T6		高		低
2024 – T8	高	非常高	高	一般
2124 – T851	高			
2219 – T351X，T37	非常高		非常高	非常高
2219 – T6	非常高	非常高	非常高	非常高

续表

合金和回火	轧制板	杆和棒	挤压型材	锻件
6061 – T6	非常高	非常高	非常高	非常高
7005 – T53，T63			低	低
7039 – T64	低		低	
7049 – T74	非常高		高	高
7049 – T76			一般	
7149 – T74			高	高
7050 – T74	高		高	高
7050 – T76	一般	高	一般	
7075 – T6	低	低	低	低
7075 – T736				高
7075 – T74	非常高	非常高	非常高	非常高
7075 – T76	一般		一般	
7175 – T736			高	
7475 – T6	低			
7475 – T73	非常高			
7475 – T76	一般			

4. 晶间腐蚀

合金结构的不均匀性，通常是铝合金发生晶间腐蚀的主要原因。此外，具有高铜含量的合金容易发生晶间腐蚀。

5. 缝隙腐蚀与剥落

铝也易受缝隙腐蚀的影响。由于铝通常用于连接和紧固部件，因此必须消除裂缝，以避免发生缝隙腐蚀。铝产生剥落，通常是缝隙腐蚀或电偶腐蚀造成的，具有细长晶粒结构的铝合金容易发生剥落。

3.2.3 特殊环境下的耐腐蚀性

对铝和铝合金进行定期清洁，可以提高其耐腐蚀性，并显著延长其寿命。如果金属暴露于具有高盐含量或其他空气污染物的环境中，如在海洋和工业场所中，则更应该进行定期清洁保养。此外，未涂缓蚀剂时，铝应该避免存放在潮湿环境中。

1. 水

在正常大气环境、淡水环境、蒸馏水环境和其他水性环境中,铝具有很强的抗腐蚀性。然而,含有大量二氧化碳和污水的水会对铝产生更强的腐蚀。

2. 酸性和碱性环境

通常,由于铝能够形成氧化膜,铝能够耐受中性和酸性环境。然而,在碱性环境中,铝则更容易发生腐蚀。具体而言,铝在 pH = 3~8.5 的环境中具有一般的耐腐蚀性。在碱性环境下,铝本身比氧化膜更容易受到侵蚀。因此,如果碱性介质在氧化膜中发生穿孔,则通常会以点腐蚀的形式发生腐蚀。相反,在酸性条件下,氧化膜比铝更容易受到侵蚀。因此,如果发生腐蚀,则很可能是以均匀腐蚀的形式发生。腐蚀抑制剂可以在碱性环境中扩大铝金属和铝合金的 pH 耐受范围,最高可达约 11.5。

3. 土壤

铝和铝合金在土壤中的耐腐蚀性,取决于所处地下环境的性质和条件。在干燥的沙质土壤中,铝和铝合金具有足够的耐腐蚀性,但在潮湿、酸性或碱性土壤中,则更容易发生腐蚀。

3.3 铜和铜合金

铜是一种贵金属,在多种环境中都具有抗腐蚀性。铜的良好耐腐蚀性使其通常适用于大气环境、工业环境、淡水环境、海水环境,以及许多酸性和碱性环境。纯铜特别耐受上述环境。尽管在某些环境中铜耐腐蚀性较强,但铜在某些环境中却会迅速发生腐蚀,这与其他贵金属不同。在选择耐腐蚀应用材料时,铜是不锈钢和镍基合金的低成本替代品。铜合金在较低温度下具有良好的强度,在各种环境中具有良好的耐腐蚀性。在其他应用中,铜可用于建筑(如屋顶)、淡水处理系统和管道、海水处理系统、化学处理设备和热交换器,以及电气系统。

3.3.1 耐腐蚀特性

铜合金有三种主要类型:铜-锡(青铜),铜-锌(黄铜)和铜-镍(铜镍)。上述主要合金中的每一种都可以与附加元素进行合金化,可在部分情况下提供更强的耐腐蚀性和更好的材料性能。下面对部分常见铜合金的腐蚀特性进行简要介绍。

1. 纯铜和高铜合金

纯铜是铜含量大于 99% 的铜,而高铜合金则是铜含量大于 96% 的铜。纯铜和高铜合金都具有优异的耐腐蚀性，特别是在海水环境中尤其如此。它们对微生物影响的腐蚀具有很强的耐受力，其原因是铜对微生物而言具有毒性。然而，它们易受侵蚀腐蚀的影响。

2. 青铜

青铜是锡（Sn）与铜的合金，能够提高铜合金在淡水和海水环境中的耐腐蚀性。因此，青铜在淡水和污水中具有优异的耐腐蚀性，并且在近海环境中也具有非常好的耐腐蚀性。此外，锡含量为8%~10%的合金具有良好的抗冲击侵蚀能力（侵蚀腐蚀的一种形式）。青铜具有良好的耐点腐蚀能力。此外，向铜中添加更多的锡，可以降低铜免受电偶腐蚀的影响。将5%~12%铝添加到 Cu – Ni – Fe – Si – Sn 中，可以生成铝青铜合金，该合金具有更好的耐一般腐蚀性能，并且表现出优异的耐冲击侵蚀（侵蚀腐蚀）和高温腐蚀的能力。当铝含量小于8%时，铝青铜合金具有优异的耐点腐蚀性能。铝青铜合金可用于非氧化性无机酸、有机酸、中性盐溶液、碱、海水、微咸水和淡水环境，而不易受到腐蚀。但是，通常不适用于硝酸、金属盐、加湿的氯化烃和氨环境。在铜 – 锡合金中加入磷，可提高合金对非氧化性酸（氯化氢除外）和流动海水的耐受能力。与黄铜相比，磷青铜合金还具有优异的耐应力腐蚀开裂性能。添加硅会使青铜容易发生点腐蚀，并且在高压蒸汽环境中发生脆化。

3. 黄铜

黄铜是锌与铜的铜合金，锌含量最高可达约40%，但是当锌含量大于15%时，可能发生明显的选择性浸出（脱锌）腐蚀。锌含量对黄铜耐受点腐蚀和脱锌敏感性的影响如图3-7所示。铜含量超过85%的铜合金，具有较强的耐脱锌能力，但同时也可能更容易受到腐蚀侵蚀的影响。向铜中添加锌，使铜沿电镀系列进一步向阳极端移动。因此，更容易受到电偶腐蚀的影响。高锌含量也会导致合金对应力腐蚀开裂具有更大敏感性。例如，含锌量为20%~40%的黄铜合金对应力腐蚀开裂非常敏感，而含锌量低于15%的黄铜合金，则对应力腐蚀开裂具有很高的耐受能力。对于近海环境而言，铜含量为65%~85%的黄铜是最耐腐蚀的。铜锌合金在淡水环境中具有良好的耐腐蚀性。在淡水中具有最佳耐腐蚀性的一种黄铜是红黄铜（85%铜，15%锌）。

将黄铜化合物与其他元素进行合金化，可以增强其耐腐蚀性。例如，向铜 – 锌合金（70%铜，30%锌）中添加1%的锡，可改善合金的抗脱锌性，这种合金即称为海军黄铜（向铜锌合金（60%铜，40%锌）中添加0.75%的锡产生称为海军黄铜合金）。镍与黄铜进行合金化后，该合金具有良好的耐淡水腐蚀性和抗脱锌性，并能够显著提高对盐水的耐腐蚀性。向黄铜中添加铅、碲、铍、铬或

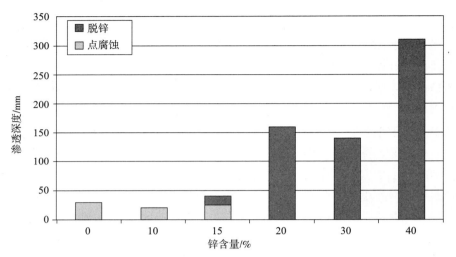

图 3-7 锌含量对氯化铵环境中黄铜腐蚀的影响

锰，对其耐腐蚀性没有明显影响。将铝（2%）添加到铜－锌合金（76%铜，22%锌）中，可生成铝黄铜，该合金具有更好的耐腐蚀性。上述合金在高速流动的海水环境中表现出了更好的耐腐蚀性，但仍然容易发生脱锌。添加砷、磷或锑，可改善铝黄铜和海军黄铜的脱锌能力。例如，向铝黄铜中添加约 0.10% 的砷，可提高其抗脱锌性。

4. 铜－镍合金

铜－镍合金具有耐受淡水、污染水和近海环境的能力，类似于青铜。在电镀性能上也比纯铜更靠近贵金属，因此不易受到电偶腐蚀的影响。由 70% 铜和 30% 镍组成的铜－镍合金，除了具有非常好的耐应力腐蚀开裂和冲击侵蚀性能之外，在水性和酸性环境中，也具有最佳的耐腐蚀性。铜－镍合金的抗点腐蚀性能一般。镍含量为 10% 的铜－镍合金，具有非常好的耐侵蚀性能和耐应力腐蚀开裂性能。铜－镍合金具有一般的耐点腐蚀性能，但是某些特定合金则具有优异的耐受海水点腐蚀性能（如 C70600 和 C71500 合金）。添加有铁的铜－镍合金，通常具有很强的耐应力腐蚀开裂性能。铜－镍－锌合金（铜－18 镍－17 锌）和（铜－18 镍－27 锌）在淡水和海水中具有良好的耐腐蚀性，并且具有良好的抗脱锌性。然而，部分铜－镍合金易受海水中缝隙腐蚀的影响。通常情况下，铜－硅合金比黄铜具有更强的耐应力腐蚀开裂性能。铜－铍合金是唯一在大气环境中容易发生点腐蚀的铜合金。磷添加量大于 0.04%，会导致铜合金出现严重的应力腐蚀开裂问题。在电偶腐蚀方面，与纯铜相比，添加铝可导致合金更加阳极化。

3.3.2 耐腐蚀能力

尽管铜和铜合金一般具有优异的耐腐蚀性，但仍然易受多种腐蚀形式的影响。在某种程度上，铜容易受到均匀腐蚀、电偶腐蚀、脱合金（选择性浸出）、点腐蚀、应力腐蚀开裂、侵蚀腐蚀、微动腐蚀、晶间腐蚀和腐蚀疲劳的影响。下面对铜和铜合金的腐蚀形式进行说明。

1. 均匀腐蚀

在正常条件下，铜和铜合金具有很强的耐均匀腐蚀性能，但长时间暴露时，它们会在某种程度上出现均匀腐蚀。当铜和铜合金浸入或均匀暴露在空气、氧化酸或含硫化合物环境中时，则其均匀腐蚀过程更快。

2. 电偶腐蚀

与许多结构金属和合金相比，铜在电位腐蚀系列上具有相对较高（阴极端）的位置。因此，当铜与其他金属结合时，铜很可能不会首先发生腐蚀。然而，当与更贵重的金属（如镍、钛和部分不锈钢）结合时，铜将首先发生电偶腐蚀。

3. 脱合金（脱锌）

如果使用铜-锌合金，在具有较高锌含量（在铜合锌金中大于15%）的情况下，则有必要对脱锌现象进行分析。脱锌是一种锌浸出的过程，留下韧性较差的多孔铜结构，从而更容易发生破裂。上述情况通常发生在水或盐溶液环境中。在部分铜-铝合金中，也可能发生脱合金现象。例如，当铜-铝合金中铝含量超过8%时，会出现铝选择性浸出的现象。

4. 点腐蚀

通常情况下，铜不会发生很大程度的点腐蚀。也就是说，铜点腐蚀的严重程度不足以造成大的损害。但是，如果使用的是非常薄的铜或铜合金，则点腐蚀可能造成穿孔。此外，如果将铜用于低流速或停滞的海水环境，则发生点腐蚀的可能性更高。

5. 缝隙腐蚀

铜及其合金通常具有耐缝隙腐蚀性能，但是少数特定合金可能会出现缝隙腐蚀。通常情况下，含有铝或铬的铜合金更容易受缝隙腐蚀影响。

6. 侵蚀腐蚀

铜及其合金易受侵蚀腐蚀的影响，主要是冲击侵蚀。当铜浸入污水、污染的水、海水或含硫化合物的水中时，上述情况尤其明显。

7. 应力腐蚀开裂

铜及其合金容易受到应力腐蚀开裂的影响，特别是在氨和铵化合物存在的条件下更是如此。据推测，铜合金的应力腐蚀开裂与脱合金具有密切联系。表3-12列出了部分铜合金及其对应力腐蚀开裂的耐受能力。

表3-12 部分铜合金对应力腐蚀开裂的耐受性

相对能力	合金系统
1. 耐受能力低	• 锌含量超过20%的黄铜 • 锌含量20%以上、少量锡、铅或铝的黄铜（例如含铅的高黄铜、海军黄铜、铝黄铜）
2. 耐受能力中等	• 锌含量低于20%的黄铜（如红黄铜、商业青铜、镀金金属） • 铝青铜 • 镍（12%）银合金
3. 耐受能力高	• 硅青铜 • 磷铜 • 磷青铜 • 镍（18%）银合金
4. 耐受能力非常高	• 铜镍合金 • 韧性沥青铜 • 高纯铜

3.3.3 特殊环境下的耐腐蚀性

1. 大气环境

除了氨（NH_3）、硫化合物（H_2SO_4）或其他某些特殊化学试剂存在的情况下，铜及其合金通常在大气环境中表现出优异的耐腐蚀性，包括在清洁（农村）、污染（工业）、海洋和热带环境中都表现优异。因此，铜及其合金适合在大气环境中长期使用。表3-13列出了某些铜合金在各种大气环境中的腐蚀率。

表3-13 几种大气环境中的某些铜合金的均匀腐蚀率

铜合金	腐蚀率/($\mu m \cdot 年^{-1}$)					
	工业	工业海洋	热带农村海洋	潮湿海洋	农村	干燥农村
电解韧性沥青纯铜	1.40	1.38	0.56	1.27	0.43	0.13
脱氧低磷纯铜	1.32	1.22	0.51	1.42	0.36	0.08
红黄铜	1.88	1.88	0.56	0.33	0.46	0.10
弹壳黄铜	3.05	2.41	0.20	0.15	0.46	0.10

续表

铜合金	腐蚀率/($\mu m \cdot 年^{-1}$)					
	工业	工业海洋	热带农村海洋	潮湿海洋	农村	干燥农村
磷青铜	2.24	2.54	0.71	2.31	0.33	0.13
铝青铜	1.63	1.60	0.10	0.15	0.25	0.51
硅青铜	1.65	1.73		1.38	0.51	0.15
锡黄铜	2.13	2.51		0.33	0.53	0.10
铜镍合金	2.64	2.13	0.28	0.36	0.48	0.10

2. 水环境

在淡水环境中，铜容易在表面上形成保护层，进而具有很强的耐腐蚀性。在软水或含有大量溶解二氧化碳的水中，铜的腐蚀率略高。通常情况下，近海环境对铜和大多数铜合金所能构成的威胁很小，但是在高流速海水环境中，铜很容易发生侵蚀腐蚀。铜及其合金也非常耐生物污损。通常情况下，铜能够耐受蒸汽环境中的腐蚀。但是，如果蒸汽中存在较高浓度的二氧化碳、氧气或氨气，则铜就更容易发生腐蚀。

3. 酸/碱

除非存在氧化剂（如氧气、硝酸），否则铜通常不会在酸性环境中被腐蚀。例如，如果没有氧气，则铜不会和硫酸发生反应。因此，除了氧化重金属盐、硫和氨之外，铜还容易受到氧化酸的影响。暴露在含氨的环境中，会导致铜发生更严重和更快的均匀腐蚀或应力腐蚀开裂。然而，铜对中性溶液和碱性溶液具有耐受能力。对铜而言，最具威胁的环境是氨、氰化物溶液、氧化盐和酸，或氧化条件下的盐和酸。表3-14列出了铜在三种不同酸中的均匀腐蚀率。

表3-14 铜在几种酸中的腐蚀率

酸	腐蚀率/($mil \cdot 年^{-1}$)
32%的硝酸	9 450
浓盐酸	30
17%的硫酸	4

4. 土壤

通常情况下，铜非常耐土壤腐蚀，铜－锡（青铜）合金特别耐土壤腐蚀。然而，有机化合物、铵化合物、硫酸盐或煤渣，会对铜的耐腐蚀性产生不利影响。图 3-8 所示为铜在四种不同类型土壤中的长期均匀腐蚀率。

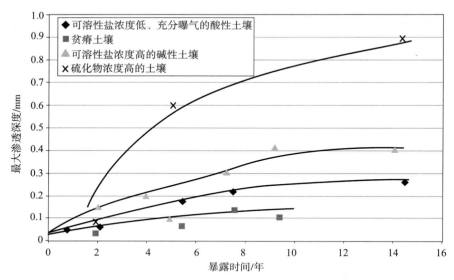

图 3-8　铜在不同类型土壤中的腐蚀率

3.4　镁和镁合金

镁具有最低的金属密度，但同时具有最高的腐蚀敏感性，这就限制了镁在大多数应用中的使用。镁可在表面形成氧化层，但是，该氧化层通常可溶于水，并且在氯化物离子和溴化物离子存在的环境中发生分解。升高的温度也会加速保护膜的降解，从而导致镁的广泛腐蚀。镁的电偶腐蚀始终是一个需要考虑的问题，因为镁相对于大多数金属都是阳极。在建筑应用中，应始终使用涂层对镁合金实施保护。在运动部件中使用镁合金，可使涂层系统快速破裂，从而导致未受保护的镁合金材料发生腐蚀。因此，镁合金适用于具有适当保护方法的、无运动的结构应用中。

3.4.1　耐腐蚀特性

对镁进行合金化，不会改善其耐腐蚀性，并且在某些情况下还会造成耐腐蚀性的严重降低。各种合金元素对镁均匀腐蚀率的影响如图 3-9 所示。

铁的含量大于 0.017% 及镍、钴和铜的含量都会明显提高镁的腐蚀率。铝可以提高镁的强度和硬度，而不会严重降低其耐腐蚀性。铝的含量为 6%，可提供

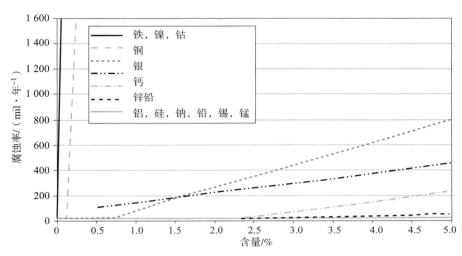

图 3-9 合金化对镁合金均匀腐蚀速率的影响

强度和延展性的最佳组合。虽然可能导致腐蚀速率上升，但锌对镁的强化作用仅次于铝。锌与少量其他元素（如锆和稀土元素）结合使用，可生成可沉淀硬化的合金。锌还对镁合金中所发现的铁/镍污染物的腐蚀效应具有一定的耐受能力。现已发现，通过与合金中的铁和其他重金属元素相互作用的方式，锰可略微增加镁对盐水环境的耐受能力。锰在镁中的溶解度较低，因此仅能少量使用，锰的最大含量约为1.5%，而铝的含量则为0.3%。表3-15列出了部分常见镁合金及其应用。

表 3-15 常见镁合金的应用

合金	合金元素（本列中百分比均按质量计）	应用	说明
AZ31	3.0%铝 1.0%锌 0.2%锰	通用锻造合金	良好的挤压性
AZ91	9.0%铝 0.7%锰	通用铸造合金	良好的保温力学性能
AZ81	8.0%铝 0.7%锰	汽车铸造合金	风冷发动机（高蠕变强度）
AM50	5.0%铝 0.3%锰	高压压铸合金	汽车结构合金

续表

合金	合金元素（本列中百分比均按质量计）	应用	说明
ZE41	4.2% 锌 1.0% 稀土元素 0.7% 锆	直升机变速箱专用铸造合金	高温蠕变强度良好
AS41	4.2% 铝 1.0% 硅 0.3% 锰	用于汽车曲轴箱	在低温下，比 AZ91 具有更好的抗蠕变性
QE22	2.5% 铝 2.2% 稀土元素 0.7% 锆	砂和永久模铸合金	用于飞机和导弹外壳
EZ33	3.0% 稀土元素 3.0% 锌	无铝的砂和永久模铸合金	优异的铸造性和耐压性；易于焊接
WE43	4.3% 钇 2.4% 稀土元素	直升机变速箱用铸造合金	在低温下，比 AS41 具有更好的抗蠕变性

3.4.2 耐腐蚀形式

镁和镁合金对包括一般腐蚀在内的许多腐蚀形式高度敏感。本节将对镁合金所特有的问题予以阐述。在使用镁材料时，几乎总是需要腐蚀防护方法。

1. 均匀腐蚀

镁合金具有最高的均匀腐蚀率。一旦在暴露在环境中，镁就会在表面上形成氧化物保护层，但是这种膜很容易被许多环境条件和化合物降解。镁合金几乎总是需要使用腐蚀防护方法。镁合金通常不会用于涂层容易发生损坏的运动部件。

2. 电偶腐蚀

所有比镁更接近贵金属端的金属都是阴极。铝合金在电位腐蚀系列中的位置最接近镁，但是部分铝合金在与镁合金接触时仍可能发生电偶腐蚀问题。铜、镍和铁可对镁造成严重的电偶腐蚀，因此当与镁合金接触时，应首选不含上述元素的铝合金（5000 和 6000 系列铝合金）。现已发现，5052、5056 和 6061 铝合金，对海洋大气环境中的镁合金具有最小的电偶效应。

3. 应力腐蚀开裂

在含有铝和/或锌的合金中，镁的应力腐蚀开裂敏感性问题通常会变得更加严重。如果铝的添加量超过 0.15%~2.5%，会在镁合金中产生最高的敏感性。

随着铝含量的增加,镁合金对应力腐蚀开裂的敏感性也会增加,并且在铝含量约为 6% 时,达到最大值,如图 3-10 所示。添加锌也会增加镁对应力腐蚀开裂的敏感性,但不会达到铝合金那样的程度。不含铝和锌的镁合金对应力腐蚀开裂的耐受能力最强。

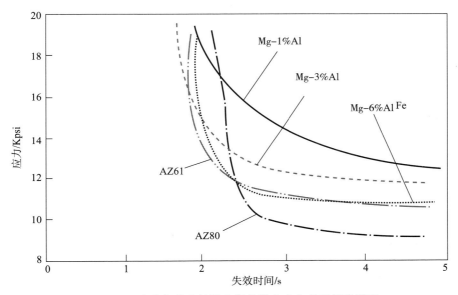

图 3-10　应力与盐水溶液中氯化镁合金失效时间的关系

3.4.3　镁合金的腐蚀防护

由于这种金属的高度敏感性,因此必须特别注意镁连接部件的制造。当连接两个镁部件时,应使用化学转化涂层,然后使用一种或多种具有耐碱性的底漆,如环氧树脂或乙烯基树脂。可用于镁-镁接头的紧固件包括 5056 铝铆钉、6061 铝螺栓、镉或镀锌钢螺栓。为了将镁与不同的金属连接,表面必须用有机胶带、密封化合物或耐碱涂料是实现金属之间的绝缘。接头应使用镀镉钢螺栓和螺母固定,并使用 5052 铝垫圈将钢和镁进行分离。在镁金属连接中,只有 5056、6061 和 6053 铝合金螺栓以及螺钉可以裸露使用。所有其他金属紧固件在与镁一起使用时,必须进行涂层。表 3-16 列出了部分可限制镁结构腐蚀的一般程序。

表 3–16 限制镁结构腐蚀的程序

程　序	方　法
消除被困水分与金属接触的区域	• 仔细关注结构细节，并首先进行设计 • 在适当位置上设置排水孔，最小尺寸约 3.2 mm，以防止堵塞
选择非吸收性、非吸湿材料与镁接触	• 确定所用材料的吸水性 • 使用环氧树脂和乙烯基胶带，以及涂料、蜡或乳胶作为保护屏障 • 避免使用木材、纸张、纸板、开孔泡沫和海绵橡胶
保护所有接合面	• 在所有接合面上使用适当的密封材料（胶带、薄膜、密封剂） • 使用底漆 • 加长连续液路以减少电流
使用相容的金属	• 在镁铝偶中，对于镁钢偶、钢板与锌、80%锡-20%锌、锡或镉而言，5000 和 6000 系列铝合金是最相容的
选择合适的整理系统	• 根据服务要求，选择化学处理、油漆、电镀 • 在生产运行前，使用服务测试系统 • 使用类似应用程序的经验教训作为选择指南

3.5　钛和钛合金

钛是一种固有的活性金属，但它在广泛的腐蚀环境中具有非常好的表现。钛可能是耐腐蚀性最好的金属，但同时也非常昂贵，因此无法广泛应用。钛所具有的这种固有的耐腐蚀性，主要原因是其在氧气或水蒸气环境中可形成连续的、自愈合的保护性氧化膜。保护膜有助于抵抗氧化环境中的腐蚀。然而，在不含氧源的环境中，钛容易发生腐蚀。

3.5.1　合金和合金元素

通常，添加大量合金元素会降低纯钛的耐腐蚀性。然而，添加少量的钯、铂和铑，则会增加钛的耐腐蚀性，包括钛在中等浓度盐酸和硫酸中的耐腐蚀性。添加约 30% 的钼，可提高钛对盐酸的耐受性。

钛合金中使用的其他典型合金元素包括铝、铬、铁、锰、钼、锡、钒和锆。添加含量大于 6% 的铝，会导致钛对应力腐蚀开裂耐受能力显著降低，而铝化钛金属间化合物则具有更强的抗氧化和抗氧脆性能。添加约 2% 的镍，可改善钛在热盐水环境中的耐缝隙腐蚀性，但降低了对氢脆性的耐受性，并且还降低了钛的可成型性。表 3-17 列出了在热盐环境中钛合金对应力腐蚀开裂的耐受性。

表 3-17 钛合金对应力腐蚀开裂的耐受性

耐受性最低	耐受性中等	耐受性最好
Ti-5Al-2.5Sn（轧制退火）	Ti-8Mo-8V-2Fe-3Al	Ti-4Al-3Mo-1V
Ti-12Zr-7Al	Ti-5Al-5Sn-5Sr-1Mo-1V	Ti-10Sn-5Zr-2Al-1Mo-0.2Si
Ti-8Al-1Mo-1V（轧制退火）	Ti-6Al-2Sn-4Zr-2Mo	Ti-11.5Mo-6Zr-4.5Sn
Ti-5Al-5Sn-5Zr	Ti-5Al-2.75Cr-1.25Fe	Ti-8Mn
Ti-6Al-6V-2Sn	Ti-13V-11Cr-3Al	
Ti-5Al-1Fe-1Cr-1Mo	Ti-8Al-1Mo-1V（三重退火）	
	Ti-2Fe-2Cr-2Mo	
	Ti-4Al-4Mo	
	Ti-6Al-4V	

3.5.2 对各种腐蚀的耐受能力

钛及其合金通常表现出优异的耐腐蚀性。通常情况下，钛可耐受氧化、电偶腐蚀、应力腐蚀开裂、腐蚀疲劳和侵蚀腐蚀。以下对部分腐蚀形式及其与钛的相关性进行简要讨论。

1. 应力腐蚀开裂

在热盐或气态氯离子和残余应力环境中，钛容易受到应力腐蚀开裂的影响。严重的应力腐蚀开裂通常仅会在高温环境存在氢溴酸或红色发烟硝酸时发生，否则不会对钛产生很大的影响。钛通常也能够耐受海水、淡水的应力腐蚀开裂。钛在低温下对液态和气态氧中的应力腐蚀开裂表现出敏感性。

2. 点腐蚀

钛很少发生点腐蚀的情况，但是吸附在钛表面上的铁可引起点腐蚀。相对于不锈钢和铜镍合金，钛对点腐蚀的耐受能力更强。

3. 其他腐蚀形式

钛容易发生缝隙腐蚀，在镉和银的环境中容易发生液态金属脆化，并且由于氢、氧和氮的溶解，也容易出现脆化现象。此外，钛及其合金在与钛或其他金属的界面处具有高度易磨损性，可明显降低其疲劳寿命。但是，钛对侵蚀腐蚀和冲击侵蚀具有很强的耐受力，并且具有良好的抗腐蚀疲劳性。

3.5.3 各种环境中的耐腐蚀性

在未受污染的海洋和工业环境中，钛具有出色的耐大气腐蚀性。同时，在水、海水和氯化物溶液中，钛也具有很强的耐腐蚀性。在各种其他化学环境中，钛的耐腐蚀性与大多数其他金属相似或更好。此外，在较低温度下出色的耐腐蚀性是钛的特征之一。

在无机盐、酸和氨溶液环境中，钛不耐腐蚀。钛在海水中的耐腐蚀性要优于所有其他结构金属，因此通常可用于整形外科植入物。钛还对以下环境具有较好的耐腐蚀性，包括次氯酸盐、氯溶液、熔融硫、湿氯气、高达260℃的硫化氢气体和高达260℃的二氧化碳。钛易受干燥氯气和可电离氟化物（如氟化钠、氟化氢）的影响。此外，熔融的氢氧化钠和热的强碱溶液，是少数能够对钛产生严重侵蚀的物质。

钛对大多数氧化性酸和有机酸具有耐受性，但易受还原酸、强硫酸和盐酸、磷酸、草酸和发烟硝酸的影响。然而，通过添加少量的水，可以减轻发烟硝酸和氯气对钛的腐蚀作用。此外，氧化抑制剂和重金属离子也可有效减轻酸对钛的腐蚀。

3.6 铸铁

铸铁通常由含有大于2%碳和大于1%硅，以及取决于应用的各种附加合金元素组成。铸铁是成本最低的金属之一，其原因是具有很低的原材料成本，并且更容易制造成所需的产品形式。铸铁可以进行合金化以获得更好的耐腐蚀性，可以达到与不锈钢和镍基合金相似的水平。

3.6.1 合金化的耐腐蚀性

根据合金化程度，铸铁可以分为非合金铁、低到中等合金铸铁，以及高镍高铬和高硅铸铁。非合金铁含有小于等于3%的碳、小于等于3%的硅，耐腐蚀性略高于非合金钢的耐腐蚀性。低至中等合金铁含有一定量的铬、镍、铜或钼，其耐腐蚀性通常是非合金铁的2~3倍。高合金铸铁对某些酸和碱环境具有很高的耐腐蚀性。然而，高耐腐蚀性的合金化可能会对材料的其他特性造成损害，例如导致材料的强度降低。

与硅、镍、铬、铜、钼，以及较小含量的钛和钒进行合金化，可以提高铸铁的耐腐蚀性。表 3 – 18 列出了铸铁的合金元素及其对耐腐蚀性的影响。

表 3 – 18 铸铁的合金元素及其影响

合金元素	影响
硅	● 硅含量 3% ~ 14% 时，可增加耐腐蚀性 ● 硅含量大于 14% 时，可显著增加耐腐蚀性，但材料自身的强度和延展性降低 ● 硅含量大于 16% 时，将导致材料发生脆性和制造困难
镍	● 与铬的组合含量最高 4%，可提高耐腐蚀性和强度 ● 对酸和碱的耐腐蚀性增加 ● 镍含量大于 12% 时，具有最佳的耐腐蚀性 ● 镍含量大于 18% 时，奥氏体铁实际上不受碱和腐蚀的影响，但发生应力腐蚀开裂的可能性增加
铬	● 少量添加镍，可导致合金对海水和弱酸的耐腐蚀能力增加 ● 镍含量 15% ~ 30% 时，可增加对氧化酸（如硝酸）的耐腐蚀能力 ● 大量添加镍，可导致合金延展性降低
钼	● 钼添加到高硅铸铁中，可提高合金的耐腐蚀能力，对盐酸特别有效 ● 钼的最佳添加量为 3% ~ 4%
铜	● 铜含量 0.25% ~ 1% 时，可增加合金对稀释乙酸、硫酸、盐酸以及酸性矿井水的耐腐蚀能力 ● 高镍/铬铸铁中的铜含量小于 10% 时，可进一步提高合金的耐腐蚀性

3.6.2 耐腐蚀形式

铸铁表现出与其他金属相同的腐蚀形式。文献中已经发现的、特别是对铸铁有明显影响的腐蚀形式，将在下面进行介绍。

1. 均匀腐蚀

非合金铸铁的耐腐蚀性略高于非合金铸钢，其耐腐蚀性主要取决于合金含量。图 3 – 11 给出了部分铸铁相对于铸钢合金的腐蚀率。

2. 电偶腐蚀

在温和环境中，灰铁具有有利于发生电偶腐蚀的微观结构。这种侵蚀称为石墨腐蚀，并且是电偶腐蚀和选择性浸出中的一种腐蚀形式。石墨是铁的阴极，可导致灰铁中发生局部电偶腐蚀，反过来可导致铁的选择性浸出。上述腐蚀形式仅发生在温和环境中，其原因是更严重的腐蚀环境会产生更均匀的腐蚀，在这样的环境中石墨也将从灰铁表面移除。

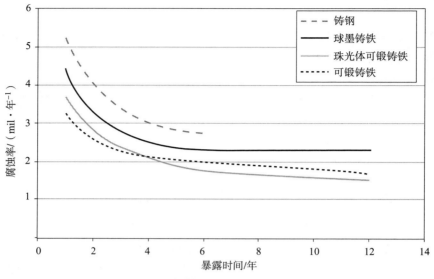

图 3-11 暴露 12 年黑色金属的腐蚀率

3. 微动腐蚀

在与铸铁进行接触时，许多金属可发生微动腐蚀。铸铁对于其他各种材料的耐微动腐蚀性能，如表 3-19 所列。

表 3-19 铸铁对于各种材料的耐微动腐蚀性能

较差	一般	良好
铝	铸铁	磷酸盐涂层铸铁
镁	铜	橡胶水泥涂层铸铁
镀铬板	黄铜	硫化钨涂层铸铁
层压塑料	锌	橡胶垫圈铸铁
酚醛树脂	镀银板	润滑剂
镀锡板	镀铜板	不锈钢润滑剂
紫胶涂层铸铁	混合镀铜板	

4. 点腐蚀

现已发现，在包括氯化物、稀烷基芳基磺酸盐、三氯化锑和平静海水等环境中，铸铁可发生点腐蚀现象。高硅铸铁，尤其是含有铬和/或钼等元素的铸铁，具有更好的耐点腐蚀性能。往铸铁中添加镍，可增加铸铁在平静海水环境中的耐点腐蚀性能。

5. 缝隙腐蚀

如果在铸铁的缝隙区域中存在氯化物，则将增加缝隙腐蚀的速率。具有铬和/或钼的高硅铸铁，具有更好的抗缝隙腐蚀性能。

6. 晶间腐蚀

在铸铁中发生晶间腐蚀非常罕见，唯一已发现的实例，是硝酸铵对非合金铸铁的侵蚀。

7. 侵蚀腐蚀

通过增加铸铁硬度和/或增加部分合金元素，可以增强铸铁对侵蚀腐蚀的耐受能力。在相对为非腐蚀性的环境中，通过固溶或相变产生硬化，可增加铸铁硬度和耐腐蚀性。如果将较高的合金含量与较高的硬度结合在一起，可在更具腐蚀性的环境中增加铸铁的耐腐蚀性。

8. 应力腐蚀开裂

铸铁通常对应力腐蚀开裂的敏感性较低，其原因是铸铁的制造工艺与其他工艺相比，能够限制材料中的应力。但是，铸铁在许多环境中仍然可发生应力腐蚀开裂。现已发现，在酸性环境中，灰铁和高硅铁中所具有的片状石墨结构，比其他铸铁更容易受到影响。酸可沿着石墨边界扩散到铁中，而腐蚀性副产物则可产生足够的压力来对铸铁进行破坏。现已发现可增加铸铁发生应力腐蚀开裂可能的环境包括氢氧化钠溶液、亚硝酸钙溶液、硝酸铵溶液、硝酸钠溶液、硝酸汞溶液、硫化氢溶液、发烟硫化氢、混合酸、氰化氢溶液、海水、熔融钠铅合金、酸性氯化物溶液。

3.6.3 各种环境中的耐腐蚀性

铸铁可用于许多环境中，并可根据预期的化学物质来进行选择。暴露在二氧化硫和类似的工业类型大气环境中，可增加非合金铸铁和低合金铸铁的腐蚀率。同时也容易被氯化物侵蚀，这在近海环境中是很常见的。在土壤中、排水不良的区域、以及存在腐蚀性化学物质的地方，腐蚀率的增加是一定的。向铸铁中添加约3%的镍，已用于提高排水不良土壤中铸铁的耐腐蚀性。

对于硬水条件，非合金铸铁在水中的腐蚀程度较低，其原因是硬水可形成碳酸钙的保护性水垢。对于非合金铸铁，保护性水垢在软水和去离子水中不能很好地得以形成，这将导致腐蚀。较低的pH值会增加腐蚀发生的速率，而较高的pH值则可降低腐蚀的作用。高合金铸铁通常不用于上述环境中，其原因是高合金铸铁更高的成本与性能并不能保证其具有相应的耐腐蚀能力。高镍奥氏体铸铁已用于在平静的海水条件下抵御点腐蚀。高硅铸铁已用于海水和微咸水环境中的阳极保护。

铸铁也可用于许多常用的酸和碱溶液中。相对于有机酸，铸铁更容易受到无机酸的侵蚀。铸铁可用于不同的浓度水平和温度，但是自身存在的杂质会严重降低其耐腐蚀性。表3-20列出了铸铁对无机酸的耐腐蚀性。对碱溶液而言，在80℃和70%以下的温度和相对湿度条件下，非合金铸铁和低合金铸铁具有良好的耐腐蚀性，但是非常容易受到浓度水平大于等于30%的热溶液的影响。向铸铁中添加3%~5%的镍，可提高铸铁对碱溶液的耐腐蚀性。高硅铸铁通常具有与非合金铸铁相同的耐腐蚀性。但是，仅限在存在可降低非合金铁耐腐蚀能力杂质的条件下使用。高铬铸铁对碱溶液更敏感，因此不推荐使用。

表3-20 铸铁的耐腐蚀性

铸铁	环境
非合金铸铁，低合金铸铁	硫酸：仅限低速、低温浓酸（大于70%） 硝酸：仅限低速、低温浓酸。在任何温度下，稀释至中等浓度都会发生快速腐蚀 盐酸：不适合任何浓度 磷酸：可用于浓缩溶液，但如果存在氟化物、氯化物或硫酸，则会显著降低耐腐蚀性
高镍奥氏体铸铁	硫酸：适用于所有浓度的室温和略微升高的温度 硝酸：仅限低速、低温浓酸。在任何温度下，稀释至中等浓度都会发生快速腐蚀 盐酸：在室温及以下，具有一定的耐腐蚀性 磷酸：可用于所有浓度水平和略微升高的温度。如果存在杂质，则将显著降低耐腐蚀性
高硅铸铁	硫酸：具有最强的耐腐蚀能力。在所有浓度下耐沸腾，容易受到三氧化硫的快速侵蚀，缓慢的初始钝化可导致前几天的快速侵蚀，但是之后将进行缓慢且稳定的腐蚀 硝酸：除稀释的热酸外，对所有浓度和温度具有良好的耐腐蚀性 盐酸：具有最强的耐腐蚀能力。当铬含量为4%~5%时，适用于高达28℃的所有浓度。铬钼硅的含量较高时，可以耐受更高温度的酸液。但是，当酸浓度大于20%时，氧化剂会对合金产生侵蚀。在最初几天将发生快速侵蚀，但是之后将进行缓慢且稳定的腐蚀 磷酸：对所有浓度水平和温度都有良好的耐受能力。如果存在氟化物的，则不能使用铸铁

续表

铸铁	环境
高铬铸铁	硝酸：向铸铁中添加大于20%的铬，可使铸铁具有良好的耐腐蚀性，特别是对于稀酸而言更是如此。容易受到高温溶液的侵蚀 盐酸：不适合任何浓度 磷酸：通常可耐腐蚀浓度高达60%的磷酸

3.6.4 铸铁的腐蚀防护

金属、有机、转化和搪瓷涂层，可用于保护非合金铸铁和低合金铸铁。而高合金铸铁很少使用涂层。金属涂层可以是铁的阳极，以提供牺牲保护，而其他金属可以是阻隔涂层。其他的涂层材料类型都属于阻隔涂层。表3-21列出了各种涂层和适用的环境。

表3-21 铸铁用涂层材料应用

涂层材料类别	涂层材料	环境应用
金属	锌	农村和干旱地区
	镉	农村和干旱地区
	锡	食品处理设备
	铝	硫烟、有机酸、盐类、硝酸盐-磷酸盐化合物的腐蚀剂
	铅和铅锡	硫酸和亚硫酸
	镍磷	阻隔涂层达到不锈钢的耐腐蚀水平
有机物	腐蚀预防化合物	大气保护
	橡胶基（氯化氯丁橡胶和海帕龙）	利用其力学性能
	沥青涂料	水环境（低渗透涂层）
	沥青化合物	碱性物质、废水、酸、自来水
	热固性塑料和热塑性塑料	流体
	氟碳化合物	工业工作温度可至205℃

续表

涂层材料类别	涂层材料	环境应用
转化涂料	磷酸盐	庇护型大气保护
	氧化物	庇护型大气保护
	铬酸盐	庇护型大气保护，有时与镉电镀一起使用
无机物	搪瓷	除氢氟酸外的酸

第4章
橡胶材料耐腐蚀的特性与性能

所有聚合物在与潜在的氧化性介质（并因此与空气）接触时都会降解，随着温度的升高降解速率会增加。对于简单的烃类聚合物（R_1H）而言，降解初始阶段通常是外来不定烃自由基 R_1 与氧反应，生成过氧化物自由基 $R_1O_2\cdot$：

$$R_1\cdot + O_2 \rightarrow R_1O_2\cdot \quad （反应（a））$$

橡胶产品都通过其聚合和加工历史，生成一定浓度的过氧化物自由基。然后，氧化的进一步扩散取决于较慢的反应，特别是由过氧化物从相邻聚合物分子中提取氢的反应：

$$R_1O_2\cdot + R_2H \rightarrow R_1OOH + R_2\cdot \quad （反应（b））$$

从而产生另一个自由基 $R_2\cdot$（该自由基立即与氧气反应，补充过氧化物浓度）和不稳定的氢过氧化物，自由基 $R_2\cdot$ 和氢过氧化物通过分解或其他反应，生成另外两种反应物质：

$$R_1OOH \rightarrow R_1O\cdot + OH\cdot \quad （反应（c））$$

过氧化物向氢过氧化物的转化是链式反应速率的决定阶段。降解的速率和程度可以通过以下方式进行监测：定量分析反应副产物，如羰基化合物；相对分子质量分布的变化；氧气消耗；反应放热量的检测和定量；力学性能的变化。

4.1 耐腐蚀特性

通过监测橡胶的氧化过程，可以发现降解分两个阶段进行，如图 4-1 所示。诱导时间（随着温度升高而减少）可看作是材料在测试条件下的安全寿命周期。

在诱导期结束时,反应产物、反应放热和氧消耗均迅速增加,并且(通常)相对分子质量和延展性(断裂应变、冲击强度等)迅速降低。除温度外,诱导时间和耐久性取决于:聚合物的物理、化学结构;稳定添加剂的功效;金属催化剂的存在;压力的存在;氧化剂的氧化能力。

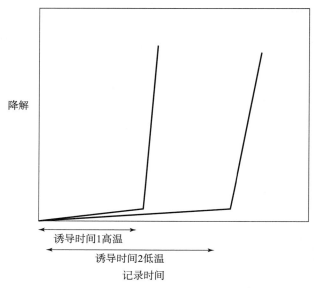

图 4-1 一段诱导时间后,热氧化降解迅速发展

在热熔加工(如注塑、挤出等)过程中,一定程度不可避免地将发生降解。热氧化和水解是与加工相关的最常见的降解模式,通常导致断链,降低相对分子质量,降低熔体黏度,降低产品的抗断裂能力。高剪切力引起的断链也对以上结果也有所影响。在注塑成型过程中,最常见的热氧化原因是材料在桶里的停留时间过长。对于不间断的生产,有

$$停留时间 = \frac{桶容量 \times 循环时间}{模腔体积}$$

因此,应避免使用容量过大的机器。同样由于显而易见的原因,如果必须中断注塑成型过程,那么过程恢复之前应过滤掉过量的熔化物。在挤出过程中,热熔胶的"挂断"是主要问题,这是由"死角"(主要是在模头区)停滞造成的。在极端情况下,产品的一小部分会严重降解,会显示成"黑点"。

聚乙烯,特别是线性低密度聚乙烯(Linear Low Density Polyethylene, LL-DPE)挂断产生的主要影响是形成由热氧化诱导的交联产生的凝胶。在挤压出的

薄膜上可见凝胶,由于其细长(沿挤出方向)的特征称为"鱼眼",这严重损害了膜的结构性质及其外观。

通常可以通过过滤网来拦截下较大的凝胶。然而,凝胶可变形,并且在普通到高的模头压力下,凝胶比其预期的体积大,因此会挤过过滤网。补救措施包括以下几种:

(1) 避免使用回收材料(预先降解的和可能预胶化的材料);

(2) 降低低密度聚乙烯(Low Density Polyethylene,LDPE)混合物中的线性低密度聚乙烯含量;

(3) 避免或消除模头中的挂断和死角;

(4) 提高抗氧化保护水平。

4.1.1 橡胶氧化机理

聚合物的氧化最常用由 Bolland 及其同事开发的动力学方案来描述,该方案总结在图 4-2 中。该过程的关键是最初形成自由基物种。在高温和大剪切力下,可能通过裂解碳-碳和碳-氢键发生自由基形成。已经观察到许多弹性体在中等温度(低于 60℃)下氧化,其中能量学不利于碳-碳和碳-氢键的裂解。因此,已经进行了若干研究以确定聚合物体系中存在的痕量杂质是否可以解释相对容易氧化。两项独立的研究得出结论:聚合物中存在痕量的过氧化物,并且由于这些过氧化物相对容易地分解成自由基而在低温下发生引发。另外,加工过程中的机械剪切和捆包压实以及原料聚合物干燥和包装过程中的局部热量是碳-碳和碳-氢键断裂的最重要原因。所得的自由基与氧反应生成负责降解的过氧化物。烃类聚合物的氧化类似于低相对分子质量烃的氧化,其中聚合物具有其自身的内部过氧化物引发源。通过假设即使是最精心制备的生橡胶中存在过氧化物,也可以理解橡胶在低温到中等温度下的氧化容易性。因此,通过使用保护性添加剂来复合橡胶以提高抗氧化性并且了解橡胶或橡胶化合物中存在的促氧化剂杂质是非常重要的。所有橡胶的重要促氧化剂可能是紫外线。Blake 和 Bruce 对暴露于紫外光下的未硫化天然橡胶的氧气吸收率进行了研究,观察到暴露于光导致天然橡胶的氧吸收速率显著增加。他们研究了天然橡胶与各种配合添加剂的氧气吸收率,表 4-1 列出了其结果的摘要。该表显示,苯基-β-萘胺——一种先前用于防止橡胶氧化的添加剂(由于毒性原因几乎不再使用),可在暴露于紫外光下作为促氧化剂起作用。氧化锌、二氧化钛、白垩和特殊炭黑等填料降低了紫外线照射后的氧气吸收率。这归因于使化合物不透明的能力,因此限制了紫外线穿透到天然橡胶的测试膜中。在联苯胺和氢醌的情况下,效果归因于这些材料优先吸收有害紫外线的能力。因此，在混合橡胶以延长寿命时考虑紫外线的促氧化行为是非常重要的。

表4-1 紫外线加速天然橡胶苍白绉在46℃时的氧化

添加物	O_2 吸收量/$(cm^3 \cdot h^{-1})$
无	0.067
2%硫	0.028
2%苯胺	0.014
2%对苯二酚	0.014
2%苯基β-萘胺	0.076
5%氧化锌	0.010
1%P-33炭黑①	0.018

注①：P-33是一种细热裂黑，ASTM命名为N880。

由于铁、铜、锰和钴等金属离子的存在，过氧化物分解速率和所产生的氧化速率显著增加。这种催化分解基于氧化还原机理如图4-2所示。因此，控制和限制生橡胶中金属杂质的量是重要的。抗氧化剂对这些橡胶毒物的影响至少部分取决于破坏性离子的复合物形成（螯合）。有利于这一理论的是，没有老化保护活性的简单螯合剂，如乙二胺四乙酸（Ethylene Diamine Tetraacetic Acid，EDTA），可作为铜保护剂。

$$ROOH + Fe^{2+} \longrightarrow RO\cdot + Fe^{3+} + OH^-$$
$$ROOH + Fe^{3+} \longrightarrow ROO\cdot + Fe^{2+} + H^+$$

图4-2 金属离子对过氧化物的分解（氧化还原机理）

当存在可氧化的杂质或配混成分时，图4-3中描述的相当简单的反应顺序由于其他反应而变得复杂。还存在二次过程，其中过氧化物和自由基经历反应，导致断链以及交联反应。这些反应与初级氧化过程密切相关，因此对于给定类型的聚合物或硫化橡胶，物理性能的劣化程度通常与氧化程度成比例。

开始

$RH \xrightarrow[\text{剪切}]{\Delta T} R\cdot + H\cdot$

$R—R \xrightarrow[\text{剪切}]{\Delta T} 2R\cdot$

$R\cdot + O_2 \longrightarrow ROO\cdot$

增殖

$ROO\cdot + RH \longrightarrow R\cdot + ROOH$

$ROOH \longrightarrow RO\cdot + OH\cdot$

$ROOH + RH \longrightarrow ROH + R\cdot + H_2O$

$RO\cdot + RH \longrightarrow ROH + R\cdot$

$OH\cdot + RH \longrightarrow HOH + R\cdot$

终止

$ROO\cdot + R\cdot \longrightarrow ROOR$

$RO\cdot + R\cdot \longrightarrow ROR$

$R\cdot + R\cdot \longrightarrow RR$

图 4－3　Bolland 氧化机理（RH = 橡胶烃）

4.1.2　橡胶热氧化性

橡胶聚合物的通用化学结构赋予的耐受性通常与其对抽氢反应的耐受性有关，这种耐受性决定上述扩散反应的速率。对于饱和脂肪族烃聚合物，三级氢原子 CH 对抽氢反应的耐受性最小，其次是二级氢（CH_2），最后是一级氢（CH_3）。抽氢提取的比例为 1∶6∶17（三级氢∶二级氢∶一级氢）。聚乙烯的主链上的氢为二级氢，但支链上的往往是三级氢。橡胶聚合物的化学结构如图 4－4 所示。

支链聚乙烯（低密度聚乙烯）
一级氢　H[1]
二级氢　H
三级氢　<u>H</u>

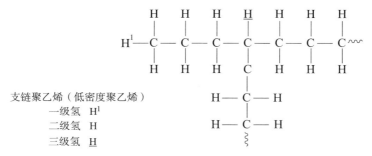

图 4－4　橡胶聚合物的化学结构

就此而言，高度支链聚乙烯（低密度聚乙烯）比高密度聚乙烯（Linear High Density Polyethylene，HDPE）具有更低的抗热氧化性。此外，低密度聚乙烯的透氧性比线性高密度聚乙烯更高，这使得两者的差异更为明显。非支链线性低密度聚乙烯有中度的抗热氧化性。由于易于提取烯丙基氢，因此不饱和（C=C）脂肪族聚合物的耐受性不强。

具有高芳烃含量的聚合物具有最好的耐受性（例如聚醚醚酮（Polyether Ether Ketone，PEEK）>聚碳酸酯>聚苯乙烯>聚乙烯）。然而，因为在实践中，很少评估聚合物的化学性质为其带来的固有的耐受性，因此无法对比聚合物固有的耐受性。不过需要对含有稳定添加剂的化合物进行测试。

商业聚合物对热氧化的耐受性的等级通常用美国保险商实验室（Underwriters Laboratories，UL）温度指数来表示。如果指数为100℃，那么就意味着，在理论情况下，该材料能够以此在空气中温度安全地使用长达100 000 h（11.4年）。它也可以被称为"最高连续使用温度"（Maximum Continuous Use Temperature，MCUT）。对于任何类型的聚合物来说，根据抗降解保护的性能，UL指数或最高连续使用温度都将提供一系列数值。表4-2和表4-3列出了塑料和橡胶的"通用最低"值，这些值界定了保护程度最低（即通常需要在加工条件下稳定材料）的商业聚合物等级。虽然通常因未指明添加剂的类型和浓度，从而无法真正了解高分子化学的具体影响，但仍然能够粗略地看出其优点。

表4-2 塑料的通用最大持续使用温度

材料	最高连续使用温度/℃	材料	最高连续使用温度/℃
ABS（medium impact）丙烯腈-丁二烯-苯乙烯共聚物（中等冲击）	70	Ethyl. Propyl. Copolymer 乙基丙共聚物	60
ABS/PSul alloy 丙烯腈-丁二烯-苯乙烯共聚物/聚砜合金	125	EVA（25% VA）乙烯-醋酸乙烯酯（25%醋酸乙烯酯）	50
ABS/PVC alloy 丙烯腈-丁二烯-苯乙烯共聚物/聚氯乙烯合金	60	FEP 氟化乙丙橡胶	150
Acetal（homopolymer）乙缩醛（均聚物；30%玻璃纤维增强）	85	Furane 异氟醚	150
Acetal（copolymer；30%）乙缩醛（共聚物；增强30%玻璃纤维）	100	HDPE 高密度聚乙烯	55

续表

材料	最高连续使用温度/℃	材料	最高连续使用温度/℃
Acetal（copolymer）乙缩醛（共聚物）	90	HIPS 高抗冲聚苯乙烯	50
Acetal（homopolymer）乙缩醛（均聚物）	85	Ionomer 离子交联聚合物	50
Acetal（homopolymer；PTFE lub.）乙缩醛（均聚物；聚四氟乙烯润滑脂）	90	LDPE 低密度聚乙烯	50
Acrylic（general purpose）丙烯酸（通用）	50	MF（cellulose filled）三聚氰胺甲醛（纤维素填充）	100
Alkyd（mineral filled）醇酸树脂（矿物填充）	130	OL TPE 烯烃热塑性弹性体	85
ASA 丙烯酸-苯乙烯-丙烯腈共聚物	60	PA（RIM）聚酰胺（反应注射成型）	70
BisPHenol polyester laminate（glass fill）双酚聚层压板（玻璃填充）	140	PA（transparent）聚酰胺（透明）	90
CA 醋酸纤维素	60	PA11 聚酰胺 11	70
CAB 乙酸丁酸纤维素	60	PA12 聚酰胺 12	70
CEE TPE 醚-酯热塑性弹性体	85	PA4/6 聚酰胺 4/6	100
Chlorinated PVC 氯化聚氯乙烯	90	PA6 聚酰胺 6	80
CP 丙酸纤维素	60	PA6/10 聚酰胺 6/10	70
CPE 氯化聚乙烯	60	PA6/12 聚酰胺 6/12	70
氯三氟乙烯	150	PA6/6 聚酰胺 6/6	80
DAIP 间苯二甲酸二烯丙酯（矿物填充）	180	PA6/6-6 聚酰胺 6/6-6	80
DAP 己二烯酞酸酯（矿物填充）	160	PA6/9 聚酰胺 6/9	80
ECTFE 乙烯-三氟氯乙烯	130	PA/ABS alloy 聚酰胺/丙烯腈-丁二烯-苯乙烯共聚物合金	70
EEA TPE 醚酯-酰胺热塑性弹性体	65	聚酰酰胺亚胺	210

续表

材料	最高连续使用温度/℃	材料	最高连续使用温度/℃
Epoxy resin（gp）环氧树脂（通用）	130	聚对苯二甲酸丁二醇酯	120
Epoxy resin（high heat）环氧树脂（通用高热）	170	聚碳酸酯	115
ETFE 乙烯-四氟乙烯	160	PC/PBT Alloy 聚碳酸酯/聚对苯二甲酸丁二醇酯合金	115
PE Foam 聚乙烯泡沫	50	PPO 聚苯醚	80
PEEK 聚醚醚酮	250	PPO/PA Alloy 聚苯醚/聚酰胺合金	80
PEI 聚醚酰亚胺	170	PPS（40% GFR）聚苯硫醚（增强40%玻璃纤维）	200
PES 聚萘二甲酸乙二酯	180	PPVC（小于100%）增塑聚氯乙烯（小于100%）	50
PET（amorPHous）聚对苯二甲酸乙二醇酯（无定形的）	60	PS 聚苯乙烯	50
PET（crystalline）聚对苯二甲酸乙二醇酯（结晶）	115	PTFE 聚四氟乙烯	180
PET（mineral filled）聚对苯二甲酸乙二醇酯（矿物填充）	140	PU（hard cast elast）聚氨酯（硬铸弹性体）	80
PET（35% gfr；supertough）聚对苯二甲酸乙二醇酯（增强35%玻璃纤维；超韧）	140	PU（soft microcell elast）聚氨酯（软微细胞弹体）	70
PF（foam）苯酚甲醛（泡沫）	120	PU（structural foam）聚氨酯（构造泡沫）	80
PF（gfr；high impact）苯酚甲醛（玻璃纤维增强；高冲力）	160	PU TPE 70A 聚氨酯	70
PF（mica & glass fib fill；electr）苯酚甲醛（云母和玻璃纤维填充；电解）	180	PVC（crosslinked）聚氯乙烯（交联）	95

续表

材料	最高连续使用温度/℃	材料	最高连续使用温度/℃
PF（mica fill；electrical）苯酚甲醛（云母填充；电解）	170	PVC（structural foam）聚氯乙烯（构造泡沫）	50
PF（mineral fill；high heat）苯酚甲醛（云母填充；高热）	185	PVDF 聚偏二氟乙烯	150
PF（nat fibr fill；gen purpose）苯酚甲醛（天然填充；通用）	150	PVF 聚氟乙烯	150
PF（wood fill；gen purpose）苯酚甲醛（木材填充；通用）	150	SAN 苯乙烯丙烯腈	55
PF laminate（cotton fab）苯酚甲醛层压板（棉织物）	105	SBS TPE 35A 苯乙烯-丁二烯-苯乙烯热塑性弹性体 TPE 35A	50
PF laminate（glass fabric）苯酚甲醛层压板（玻璃纤维）	150	SEBS TPE 45A 苯乙烯-丁二烯-苯乙烯热塑性弹性体 TPE 45A	85
PF laminate（paper）苯酚甲醛层压板（纸）	90	Silicone 硅树脂	240
PFA 全氟烷氧基乙烯	170	SMA（copolymer）苯乙烯-马来酸酐（共聚物）	75
Polyarylamide（30% GFR）聚芳基酰胺（增强30%玻璃纤维）	125	SMA（terpolymer）苯乙烯-马来酸酐（三元共聚物）	75
Polyarylate 多芳基化合物	130	Styrene-butadiene（K resin）苯乙烯-丁二烯（K 树脂）	55
Polybutylene 聚丁烯	90	TPX 聚甲基戊烯	75
Polyester DMC 聚酯团状模塑料	130	UF（cellulose filled）尿素甲醛（纤维素填充）	75
Polyimide 聚酰亚胺	260	UHMWPE 超高相对分子质量聚乙烯	55
PolysulPHone 聚砜	150	UPVC 非塑化聚氯乙烯	50
PP（copolymer）聚丙烯（共聚物）	90	Vinyl ester 乙烯基酯	140
PP（homopolymer）聚丙烯（均聚物）	100	XLPE 交联聚乙烯	90

表4-3 橡胶最高连续使用温度

材 料	简 称	最高连续使用温度/℃
溴丁基	BIIR	120
丁二烯		60
丁基	IIR	100
丁基(树脂固化)	IIR	130
氯化聚乙烯	CPE	120
氯化丁基	CIIR	120
氯丁二烯	CR	90
氯磺酰	CSM	120
硬橡胶		80
表氯醇	CO	130
EPDM(硫化)	EPDM	120
EPDM(树脂固化)	EPDM	150
乙烯醋酸乙烯酯	EVM	110
丙烯酸乙酯	ACM	150
氟橡胶	FPM	210
氟硅酮	FVMQ	200
异戊二烯	IR	60
天然橡胶	NR	60
腈(小于20%乙腈)	NBR	110
腈(大于20%乙腈)	NBR	120
腈/聚氯乙烯高分子共混物	PNBR	90
腈(羧酸盐)	XNBR	110
腈(氢化)	HNBR	150
全氟橡胶	FFKM	260
苯乙烯—丁二烯	SBR	70
氨基甲酸乙酯(酯)	AU	75
氨基甲酸乙酯(乙醚)	EU	75

这些温度阈值是通过监测由于在较高温度下烘箱热老化（烹饪）而导致的冲击强度和断裂应变等性质的下降而得出的。首先将性能降低 50% 所需的时间插补到一系列的温度中；然后通过外推法，推断在 100 000 h 后将性能降低 50% 所需的温度。可以通过假设时间和温度之间的关系等效损伤与 Arrhenius 关系近似来辅助选择测试条件：

$$反应速率 = Ae^{-E/RT}$$

式中：A 为常数；E 为反应的活化能；R 为通用气体常数（8.3 J/mol/K）；T 为热力学温度。

如果 E 与温度无关，则反应速率方程的整合显示出累积一定量的反应引起的损害的时间对数与热力学温度的倒数之间的线性关系：

$$\ln（关键时间）= \frac{A}{T} + E$$

在选择适合试验方法的标准（如断裂伸长率、一定体积的氧气消耗或氧化放热的启动减少 50%）时，活化能通常为 50~150kJ/（mol/K）。对于最常见的 100 kJ/（mol/K）的活化能，温度升高 10℃ 会使反应/降解速率提高 2~3 倍。大多数产品的预期寿命并非 100 000 h，并且/或者使用温度不同。可以通过示例揭示用于适应任何特定的热经历的方法。最高连续使用温度为 100℃ 的材料能否满足下列条件？

(1) 在 80℃ 的连续温度下工作 50 年；

(2) 在连续温度 110℃ 下工作 5 年；

(3) 1 年 100℃ + 0.1 年 140℃。

对于大多数聚合物而言，温度升高 10℃ 会使降解速率提高 2~3 倍。对于 80℃ 的产品，如果没有特定的附加信息，我们必须保守地估计较低的降解速率（2 倍）。在比 UL 温度指数低 20℃ 时，反应速率将降低 4 倍，因此我们预计耐久性为 4×11.4 年，即约 5 年。对于 110℃ 的产品，必须保守地估计更高的速率（3 倍）。比 UL 温度指数高 10℃ 时，反应速率将提高 3 倍，因此我们预计耐久性为 11.4/3 年，小于 4 年。对于第三种产品，在 UL 温度指数 40℃ 以上 0.1 年相当于 100℃ 时 34×0.1 = 8.1 年。因此，预计在 100℃ 环境中使用时，相当于 9.1 年。因此，材料能够满足条件（1）和（2），但不满足条件（3）。

4.1.3 臭氧侵蚀弹性体的机理

臭氧裂解是亲电子反应，且在电子密度高的位置处以臭氧的侵蚀开始。在这方面，不饱和有机化合物与臭氧高度反应。臭氧的反应是双分子反应，其中 1 分子臭氧与橡胶的 1 个双键反应，如图 4-5 所示。首先是将臭氧直接 1,3-偶极加成到双键上以形成主要的臭氧化物（Ⅰ）或莫佐定，其仅在非常低的温度下可检测到。在室温下，这些臭氧化物一经形成就会裂解，得到醛或酮和两性离子（羰基氧化物）。在该方向上发生裂解，这有利于形成最稳定的两性离子（Ⅱ）。因此，给电子基团，如天然橡胶中的甲基，主要连接在两性离子上，而吸电子基团，如氯丁橡胶中的氯，则存在于醛上。通常，在溶液中，醛和两性离子片段重新结合生成臭氧化物，但也可以通过两性离子的组合生成更高相对分子质量的聚合过氧化物（Ⅲ）。水的存在增加了链断裂的速率，这可能与氢过氧化物的形成有关。橡胶的臭氧化，在液态和固态下发生相同的化学反应。

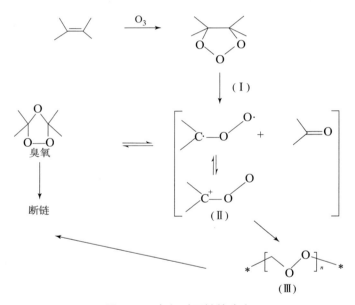

图 4-5　臭氧对双键的攻击

由于拉伸橡胶中的回缩力，醛和两性离子片段以分子弛豫速率分离。因此，臭氧化物和过氧化物在远离初始裂解的位置形成，并且下面的橡胶链暴露于臭氧。这些不稳定的臭氧化物和聚合过氧化物裂解成各种含氧产物，如酸、酯、酮和醛，并且还暴露出新的橡胶链以抵抗臭氧的影响。最终结果是，当橡胶链被切割时，它们在应力方向上缩回并暴露下面的不饱和结构。该过程的继续导致形成特征性臭氧裂缝。注意，丁二烯橡胶在臭氧化期间会发生少量的交联，这被认为是由于羰基氧化物的双自由基与丁二烯橡胶的双键之间的反应。

臭氧与烯烃化合物的反应非常迅速。双键上的取代基提供电子，增加反应速率，而吸电子取代基使反应减慢。因此，与臭氧的反应速率降低如下：聚异戊二烯 > 聚丁二烯 > 聚氯丁烯。在表 4-4 和表 4-5 中清楚地证明了取代基对双键的影响。仅包含悬垂双键（如乙烯丙烯二烯橡胶）的橡胶不会裂解，因为双键不在聚合物主链中。

表 4-4　室温下在 CCl_4 中所选烯烃臭氧化的相对二级速率常数

烯烃	反应速率 $K_{rel}/(1/mol \cdot s^{-1})$
$Cl_2C=CCl_2$	1.0
$ClH=CCl_2$	3.6
$H_2C=CCl_2$	22.1
cis – ClCH = CHCl	35.7
trans – ClCH = CHCl	591
$H_2C=CHCl$	1 180
$H_2C=CH_2$	25 000
$H_2C=CHPr$	81 000
$H_2C=CMe_2$	97 000
cis – MeCH = CHMe	163 000
$Me_2C=CHMe$	167 000
$Me_2C=CMe_2$	200 000
1，3 – Butadiene	74 000
Styrene	103 000

表 4-5　室温下 CCl_4 中不同不饱和橡胶的臭氧化的相对二阶速率常数

橡胶	反应速率 $K_{rel}/(1/mol \cdot s^{-1})$
氯丁橡胶	1.0
丁二烯橡胶	1.5
苯乙烯丁二烯橡胶	1.5
聚异戊二烯橡胶	3.5

橡胶的裂化与臭氧在双键上的反应有关，但必须提到的是臭氧也与硫交联反应。然而，这些反应要慢得多，臭氧与二硫化物和多硫化物的反应比与烯烃的相应反应慢至少 1/50 倍。

其化学反应式为

$$RSSSR + O_3 \rightarrow SO_2 + RSO_2 - O - SO_2R \ (+H_2O) \rightarrow 2\ RSO_2H$$

未拉伸的橡胶与臭氧反应直至所有表面双键被消耗，然后反应停止。反应在开始时很快，速率逐渐降低，同时可用的不饱和结构耗尽并最终停止反应。在此反应期间，在橡胶表面上形成灰色薄膜或结霜，但没有注意到裂缝。根据对未拉伸的橡胶所吸收的臭氧的测量，该臭氧化橡胶薄膜的厚度估计为 10~40 个分子层厚（60~240 Å）。通过拉伸破坏这种薄膜会使表面产生新的不饱和结构，并允许更多的臭氧被吸收。

仅在橡胶拉伸至临界伸长率以上时才观察到裂纹。两个因素决定了静态条件下的开裂：形成裂缝所需的临界应力和裂纹扩展速率。已经确定所有橡胶都需要相同的临界储存能量才能发生裂化，这种能量被认为是分离生长裂缝的两个表面所需的能量。因此，取决于聚合物的刚度，在一定伸长率以上形成裂缝。如果将臭氧化的表面产品移到一边以暴露下面的不饱和结构，裂缝将只会形成并增长。为了实现这一点，需要某种形式的能量。在静态条件下，这等于临界存储能量；在动态条件下，弯曲本身就提供了破坏表面的能量。

裂纹生长速率取决于聚合物，并且与臭氧浓度成正比。裂纹扩展速率与施加的应力无关，只要它超过临界值即可。裂纹扩展的速率还取决于下面的橡胶链段的移动性，这是解开和定位双键以进一步受到臭氧攻击所必需的。因此，任何会增加橡胶链流动性的东西都会增加裂纹的生长速度。例如，当加入足够的增塑剂或温度升高时，丁基橡胶中的慢速裂纹生长速率等于天然橡胶和苯乙烯-丁二烯橡胶的慢速裂纹生长速率。相反，降低链移动性会降低裂纹扩展速率。因此，在某些情况下增加交联密度会降低迁移率并降低裂纹扩展速率。

4.2 耐腐蚀能力

本节主要从抗氧化剂的作用机理、抗臭氧剂的作用机理、抗降解剂的作用机理、防止弯曲裂缝的机理等方面分析耐腐蚀能力。

4.2.1 抗氧化剂的作用机理

1. 抗氧化剂的稳定机制

通过添加抗氧化剂或稳定剂，在弹性体中很少获得完全的氧化抑制。通常观察到的是在抗氧化剂存在下延长的延迟氧化时间。已经证明，在此期间，氧化速率随抑制剂浓度降低，直至达到最佳浓度，然后再次增加。与不受抑制的反应相反,延迟反应的速率受氧浓度变化的影响,反应在氧气或空气中以相同的速率进行。在氧化抑制剂存在下观察到的这些和其他差异反映了引发和传播以及终止反应的显著变化。重要的是要认识到不同类型的抑制剂通常通过不同的机制起作用,并且给定的抗氧化剂可以不止一种方式起反应。因此,在一组条件下充当抗氧化剂的材料在另一种情况下可能变成促氧化剂。如果我们寻求结合不同作用模式的效果,可以更加逻辑和有效地寻找可能的抗氧化剂的协同组合。通常认可五种一般的氧化抑制模式。

1) 金属钝化剂

已知能够与金属形成配位络合物的有机化合物可用于抑制金属活化氧化。这些化合物具有多个配位点并且能够形成环状结构,其"保留"促氧化金属离子。乙二胺四乙酸及其各种盐是这类金属螯合化合物的实例。

2) 光吸收剂

这类化学物质通过吸收紫外线能量来防止光氧化,否则紫外线能量会通过分解过氧化物或使可氧化物质对氧气的侵蚀敏感而引发氧化。吸收的能量必须通过不产生活化位点或自由基的过程处理。赋予化合物不透明性的填料(如炭黑、氧化锌)倾向于使橡胶稳定而不受紫外线催化氧化。

3) 过氧化物分解剂

它们通过与引发过氧化物反应形成非自由基产物而起作用。据推测,硫醇、苯硫酚和其他有机硫化合物以这种方式起作用。有人提出二烷基二硫代氨基甲酸锌作为过氧化物分解剂起作用,从而使橡胶化合物具有良好的初始氧化稳定性。

4) 自由基链终止剂

这类化学物质与链增长的 $RO_2 \cdot$ 自由基相互作用形成非活性产物。

5) 抑制剂再生剂

它们与在链终止反应中形成的中间体或产物反应,以再生原始抑制剂或形成另一种能够起抗氧化剂作用的产物。

在氧化链反应期间终止增长的自由基被认为是胺和酚类抗氧化剂起作用的主要机制,如图 4-6 和图 4-7 所示。对于受阻胺光稳定剂(Hindered Amine Light Stabilizer,HALS),证实了 R·通过链制动电子受体(Chain Braking Electron Acceptors,CBA)的失活。该机理涉及受阻胺光稳定剂与氢过氧化物的反应,导致形成稳定的硝酰自由基,其捕获烃基或在形成稳定产物的情况下从烃基中提取不稳定的氢。通过该机理形成的链制动电子受体羟胺(Chain Braking Electron Acceptors Hydroxylamine,CBAH)可用于稳定过氧化物自由基。

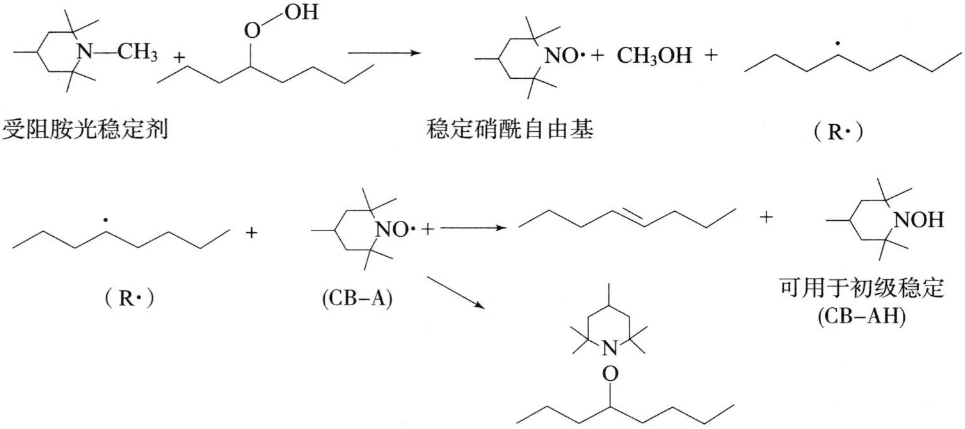

图 4-6 通过链制动电子受体（CB-A）使 R· 失活

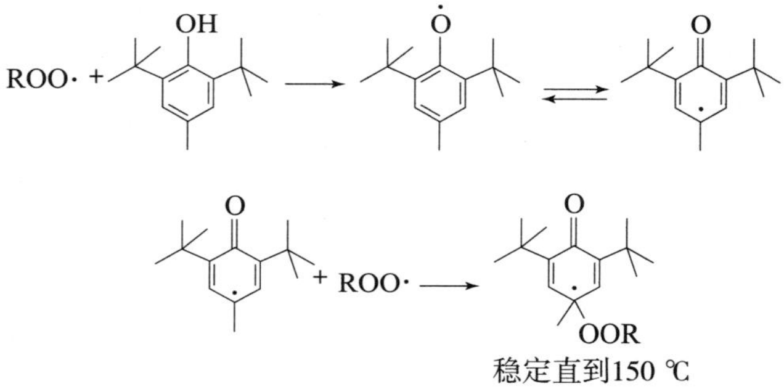

图 4-7 通过受阻酚类清除自由基的初级稳定化

R· 未通过图 4-6 中描述的机理完全失活，与氧气反应产生过氧化物自由基。这些过氧自由基从受阻酚或仲胺等主要稳定剂中提取出不稳定的氢，导致氢过氧化物活性降低，并阻止从聚合物链中夺取氢。得到的抗氧化剂基团比初始过氧基团更稳定，并通过与体系中的另一个基团反应而终止。Shelton 提出了这种机制，证明用氘代替芳香族胺类抗氧化剂中的活性氢会导致过氧自由基对氘的吸收速度变慢，因此抗氧化效果较差。重要的是抗氧化剂的水平保持在最佳状态，因为过量的抗氧化剂可导致促氧化作用（$A-H+O_2 \rightarrow AOOH$）。

图 4-8 所示为抗氧化剂的二次稳定机制。衍生自 PCl_3 和各种醇的三壬基苯基亚磷酸酯和硫代化合物作为二级稳定剂具有活性。它们用于将过氧化物分解成非自由基产物，可能是通过极性机理。辅助抗氧化剂与氢过氧化物反应，产生氧

化的抗氧化剂和醇。硫代化合物可与两个氢过氧化物分子反应。

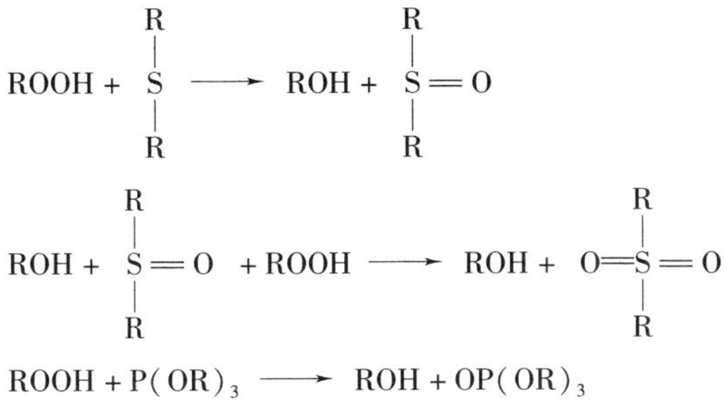

$$ROOH + \underset{R}{\underset{|}{S}}_{|}^{R} \longrightarrow ROH + \underset{R}{\underset{|}{S}}_{|}^{R} = O$$

$$ROH + \underset{R}{\underset{|}{S}}_{|}^{R} = O + ROOH \longrightarrow ROH + O = \underset{R}{\underset{|}{S}}_{|}^{R} = O$$

$$ROOH + P(OR)_3 \longrightarrow ROH + OP(OR)_3$$

图 4-8　亚磷酸盐和硫代化合物的二次稳定化

2. 研究橡胶抗氧化性的方法

用于研究橡胶化合物的抗氧化性的最常见试验涉及在含氧气氛中拉伸哑铃样品的加速老化。Brown、Forrest 和 Soulagnet 最近审查了长期和加速老化测试程序。用于这些测试的 ASTM 实践（D454（09.01）；D865（09.01）；D2000（09.01，09.02）；D3137（09.01）；D572（09.01）；D3676（09.02）；D380（09.02））明确指出这些是加速试验，应该用于各种化合物的相对比较，并且这些试验可能与实际的长期老化行为无关。然而，这些测试可用于评估抗老化化合物和各种抗氧化剂包。化合物对氧化的抗性通常通过各种物理性能的百分比变化（例如拉伸强度、断裂伸长率、硬度、模量）来测量。对于与氧反应，导致交联的弹性体（通常是丁二烯基弹性体，如丁二烯橡胶、苯乙烯-丁二烯橡胶、丁腈橡胶），加速试验导致拉伸模量和硬度增加，极限伸长率相应降低。对于反应的弹性体由于氧气导致断链（通常是基于异戊二烯的弹性体，如天然橡胶和聚异戊二烯橡胶），加速老化试验会导致拉伸模量和硬度下降，随着极限伸长率的增加或减少，取决于降解程度。最有效用于给定弹性体化合物的抗氧化剂包在加速老化测试期间给出物理性能的最小变化。DSC 和 TGA 等热分析技术也被广泛用于研究橡胶氧化。基于氧化过程中的热变化（氧化放热），可以用 DSC 评估橡胶的氧化稳定性和各种抗氧化剂的有效性、氧化能、等温诱导时间、氧化起始温度和氧化峰温度。光谱技术，如 C-NMR、ESR、热解 GC/MS 和热解 FTIR、X 射线衍射和 SEM 技术也用于研究橡胶氧化。

3. 持久抗氧化剂

为了限制弹性体及其硫化橡胶在储存、加工和使用过程中的热氧化劣化，使用不同的抗氧化剂体系。抗氧化剂的活性取决于它们捕获过氧和氢过氧自由基的能力及其在氢过氧化物分解中的催化作用。它们与聚合物的相容性也起着重要作用。此外，通过萃取（浸出）或挥发来限制抗氧化剂损失是非常重要的。食品包装和医疗器械是添加剂迁移或提取主要关注的领域。与油或脂肪接触可能会导致摄入移动聚合物稳定剂。为了解决这一问题，美国食品和药物管理局（the US Food and Drug Administration，FDA）制定了管理食品接触应用中添加剂使用的法规。这些法规包含了一系列可接受的聚合物添加剂和聚合物的剂量限制，可以用于特定的食物接触。在该列表中包括特定化合物取决于具体的可提取性和毒理学因素。显然，聚合物结合的稳定剂不能被提取，因此可以防止无意的食物污染。另外的考虑因素是添加剂迁移对表面性质的影响。当添加剂迁移或起霜到聚合物表面时，密封或涂覆表面的能力可能劣化，这会影响涂层附着力和层压剥离强度。

上述问题是对合成新抗氧化剂的兴趣增加的原因，其可能接枝到聚合物主链上或形成聚合物或低聚抗降解剂。在过去的 20 年中，已经评估了几种方法来开发这种新的抗氧化剂。

（1）将烃链连接到常规抗氧化剂上以增加相对分子质量和与聚合物的相容性。

（2）聚合物或低聚抗氧化剂。

（3）聚合物结合或可共硫化的抗氧化剂。

（4）将多个功能组绑定到单个平台上。

检查抗氧化剂如受阻酚和胺的历史表明从低相对分子质量产品向更高相对分子质量产品的转变。具体而言，聚合物工业已经放弃使用丁基化羟基甲苯（Butylated Hydroxy Toluene，BHT）有利于四亚甲基（3，5 – 二叔丁基 – 4 – 羟基氢化肉桂酸酯）甲烷（图 4 – 9）。同样，聚合物受阻胺光稳定剂，如聚甲基丙基 – 3 – 氧 – ［4（2，2，6，6 – 四甲基）哌啶基］硅氧烷，取代了低相对分子质量受阻胺 Lowilite（图 4 – 10）。下一个明显的步骤是生产一类新的稳定剂，它们与聚合物链化学结合。这种方法取得了不同程度的成功。虽然结合稳定剂的提取抗性

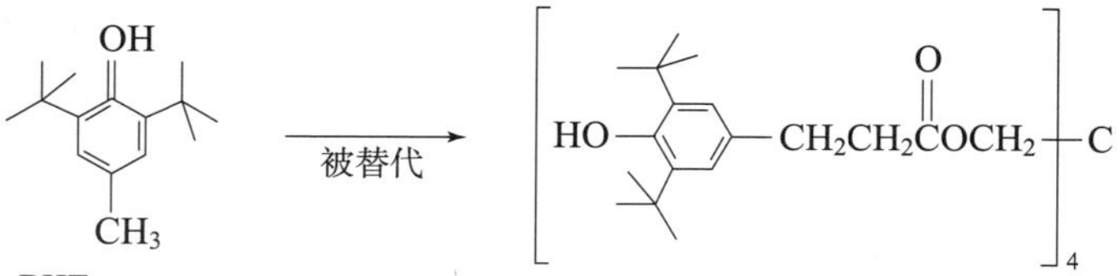

BHT
2,6-二叔丁基羟基甲苯
相对分子质量为220

被替代

ANOX 20
四亚甲基（3,5-二叔丁基-4-羟基氢化肉桂酸酯）甲烷
相对分子质量为1 178

图 4 – 9　高相对分子质量产品替代低相对分子质量酚醛 Aox

显著提高，但性能却受到很大影响。因为降解过程可能发生在大部分聚合物的局部部分，稳定剂的移动性在抗氧化活性中起关键作用。

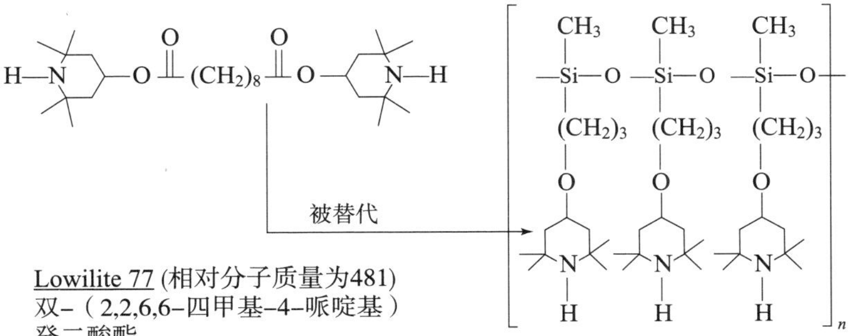

Lowilite 77 (相对分子质量为481)
双-（2,2,6,6-四甲基-4-哌啶基）癸二酸酯

Uvasil 299 (相对分子质量为1 800)
聚甲基丙基-3-氧-[4（2,2,6,6-四甲基-4-哌啶基）哌啶基]硅氧烷

图 4-10　高相对分子质量产品替代低相对分子质量受阻胺光稳定剂

由维罗纳油和常规酚类抗氧化剂 3-（3,5-二叔丁基-4-羟基苯基）丙酸（3,5-di-tert-butyl-4-hydroxyPHenyl，DTBH）制备的聚合物抗氧化剂的抗氧化活性，化学接枝到聚苯乙烯和聚氨酯，类似于一些病例甚至优于相应的低相对分子质量酚类抗氧化剂。

已经描述了几种获得聚合物结合的抗氧化剂的方法。Roos 和 D'Amico 报道了可聚合的对苯二胺抗氧化剂。Cain 等报道了"烯"加成亚硝基苯酚或苯胺衍生物以生产聚合物结合稳定剂。最通用的制备结合抗氧化剂的方法是通过常规抗氧化剂与聚合物的直接反应。斯科特等人已经证明，在 o- 或 p- 位含有甲基的简单受阻酚可以在氧化自由基的存在下与天然橡胶反应生成聚合物结合的抗氧化剂。苯乙烯酚、二苯胺等抗氧化剂结合在一起通过改良的 Friedel-Craft 反应发现羟基封端的液体天然橡胶可有效改善抗老化性能。苯基-对苯二胺与天然橡胶以及传统苯基-对苯二胺相比，耐老化性能得到改善，但正如预期的那样，由于有界抗降解剂不能迁移，因此耐臭氧性更差。据报道，醌二亚胺（Quinone diimines，QDI）是结合抗氧化剂和可扩散的抗臭氧剂。在硫化期间，部分醌二亚胺接枝到聚合物主链上并充当结合的抗氧化剂，而另一部分还原为苯基-对苯二胺并且作为可扩散的抗臭氧剂是活性的。

Meghea 和 Giurginca 报道了由二胺和酚类结构产生的经典化合物（二取代的对苯二胺和二氢喹啉衍生物）和二硫桥化合物组成的抗氧化剂的保护效率。含有二硫桥的抗氧化剂能够在加工和固化过程中接枝到弹性体链上，产生优于传统抗降解剂的保护水平。

稳定剂的最新发展之一是聚硅氧烷，它为各种类型的聚合物稳定剂提供灵活，多功能的骨架。硅氧烷似乎是良好的骨架，因为它们相当便宜，易于功能化，具有高水平的可功能化的位点，与许多聚合物具有良好的相容性，并具有优异的热稳定性和光解稳定性。受阻胺、受阻酚和金属钝化剂已接枝到聚硅氧烷上。通过在聚硅氧烷骨架上包含可接枝侧基，可进一步提高硅氧烷基添加剂的低萃取率。由于柔性硅氧烷平台，接枝稳定剂保持其活性。这被视为单体稳定剂的限制，其已被接枝到聚合物基质上，因此根本不可移动。Sulekha 等使用低相对分子质量氯化聚异丁烯和氯化石蜡作为平台去除对苯二胺。这些低聚物结合的抗氧化剂赋予天然橡胶、苯乙烯-丁二烯橡胶、丁基橡胶和丁腈橡胶硫化物以及天然橡胶的混合物更好的抗臭氧和抗弯曲性能。天然橡胶/丁二烯橡胶和天然橡胶/苯乙烯-丁二烯橡胶的混合物与含有常规抗氧化剂的橡胶相比抗弯曲性更好。液体聚合物结合的对苯二胺的存在减少了配混所需的增塑剂的量。

4.2.2　抗臭氧剂的作用机理

通过使用物理和化学的方法，可以保护橡胶免受臭氧侵害。物理方法主要用于静态条件下对橡胶的保护，而化学抗臭氧剂在静态和动态条件下都能保护橡胶。

1. 静态条件下抗臭氧防护

包裹、覆盖或涂覆橡胶表面是保护橡胶免受臭氧侵害的常用物理方法，通常可以通过向橡胶中添加蜡或添加增加临界应力的抗臭氧聚合物来实现。石蜡和微晶蜡是最常用的两种橡胶保护材料。链烷烃蜡（石蜡的主要成分）是相对低分子量（350～420）的直链烃，由于它们的线性结构，形成熔点范围为 38～74℃ 的大晶体。微晶蜡是从较高分子量的石油残余物中提取的，具有比石蜡更高的分子量（490～800）。与石蜡相比，微晶蜡主要是支化的，因此形成更小，更不规则的晶体，熔点范围为 57～100℃。蜡通过在橡胶表面上起霜形成对臭氧不可渗透的碳氢化合物膜，从而产生保护作用。膜越厚，保护效果越好。获得的霜层厚度取决于链烷烃蜡的溶解度和扩散速率，链烷烃蜡的溶解度和扩散速率与温度密切相关。降低温度会降低链烷烃蜡的溶解度并增加其起霜的厚度。尽管温度较低，它们的小尺寸使它们能够快速迁移到橡胶表面。相反，随着温度升高，链烷烃蜡的高溶解度成为缺点。它们变得太易溶于橡胶，不能形成足够厚的保护层。微晶蜡在较高温度下表现较好，因为较高的温度会增加它们向表面的迁移速率，这样可以将更多的蜡加入到橡胶中。因此，石蜡和微晶蜡的混合物通常用于保证在尽可能宽的温度范围内发挥保护作用。蜡和化学抗臭氧剂的组合可以有效提高橡胶材料的耐臭氧性,抗臭氧剂的存在可以在橡胶表面产生更厚的起霜层。

保护橡胶免受臭氧侵害的另一种方法是向橡胶中加入耐臭氧的聚合物(包括乙烯-丙烯橡胶、乙烯丙烯二烯橡胶、卤化丁基橡胶、聚乙烯、聚乙酸乙烯酯等)。微观研究发现,这些添加的聚合物弥散于橡胶材料中,会增加裂纹发生所需的临界应力。当橡胶中的裂缝生长时,遇到添加聚合物的区域,会停止生长。但是在动态条件下,几乎不需要临界应力,这些聚合物共混物不能完全防止开裂。在这种情况下,它们可以通过降低橡胶链的节段移动性起作用,从而减缓裂纹生长的速度。当聚合物的加入量为20%~50%时,该方法是有效的。再高的聚合物比例不会进一步增加材料本身的耐臭氧性。而低于该比例时,传播裂缝可能绕过应力消除区域,或者不会充分降低节段移动性。因此,这种保护橡胶免受臭氧侵害的方法只能在有限的基础上使用,这些混合橡胶的硫化橡胶经常表现出较差的性能。

2. 动态条件下抗臭氧防护

动态条件下,即在循环变形(拉伸和压缩)下,防止臭氧的物理方法已不再有效,人们开发出化学抗臭氧剂以保护橡胶免受臭氧侵害。目前普遍采用的化学抗臭氧剂作用机理包括清除剂理论、单纯防护膜理论和两者共存理论。

清除剂理论认为,抗臭氧剂通过向橡胶表面迁移而起作用,并且由于它们对臭氧的特殊反应性,在臭氧与橡胶反应之前清除臭氧。对各种取代的对苯二胺(Paraphenylene Diamines,PPDA)对臭氧的反应速率的研究表明,由于取代基不同,它们的反应性与氮上的电子密度直接相关。反应性按以下顺序降低:N,N,N′,N′-四烷基->N,N,N′-三烷基->N,N′-二烷基->N-烷基-N′-芳基->N,N′-二芳基。由正、仲和叔烷基取代的对苯二胺均显示出基本相同的反应速率。在浓度及迁移速率一定的条件下,抗臭氧剂的力效性取决于它的臭氧化速率,从这一点来看,抗臭氧剂的臭氧化速率是一个重要因素,而1Mol 抗臭氧剂所能消耗的臭氧数并不重要。清除剂理论本身具有许多缺点。根据这种机理,抗臭氧剂必须迅速迁移到橡胶表面以清除臭氧。然而,计算表明,抗臭氧剂向橡胶表面的扩散速度太慢,无法清除所有可用的臭氧。许多化合物与臭氧反应非常迅速,但作为清除剂,效果不佳。

单纯防护膜理论认为,抗臭氧剂在橡胶表面与臭氧发生反应,生成的臭氧化物就像蜡一样包覆在橡胶表面,形成防护膜,防止了臭氧对橡胶的侵蚀。这种机制是基于臭氧吸收延长的实验结论,含有取代对苯二胺类型抗臭氧剂的橡胶最初对臭氧吸收速率非常高,随时间延长迅速降低并最终几乎完全停止。该保护膜已用光谱法观察证实，其由未反应的抗臭氧剂及其臭氧化产物组成，但不包含臭氧化橡胶。由于这些臭氧化产品是极性的，它们在橡胶中的溶解性差并积聚在橡胶表面。

目前，应用最广泛的是清除剂和单纯防护膜共存理论。基于这种理论，人们得出结论，N，N′-二辛基-对苯二胺表现出的较高临界伸长率是由于在与臭氧反应时形成了保护膜。如果完全防止臭氧接触橡胶表面，必须增加薄膜或涂层的临界应力，只有连续的柔性薄膜才能做到这一点。连续柔性薄膜也解释了为什么N，N′-二辛基-对苯二胺在动态条件下不会增加临界伸长率。在这种情况下，弯曲会破坏薄膜的连续性并破坏其完全涂覆橡胶表面的能力，就像弯曲会破坏蜡的有效性一样。它还解释了为什么 N，N′-二辛基-对苯二胺不会增加丁腈橡胶中的临界伸长率。在丁腈橡胶表面上发现的 N，N′-二辛基-对苯二胺非常少，即形成的薄膜太薄而不能起到抗臭氧效果。与苯乙烯-丁二烯橡胶相比，丁腈橡胶表面上 N，N′-二辛基-对苯二胺的量的差异归因于 N，N′-二辛基-对苯二胺在丁腈橡胶中的较高溶解度。臭氧和 N，N′-二辛基-对苯二胺浓度对临界应力的影响可以通过考虑成膜和破坏中涉及的因素来解释。在固定的臭氧浓度下，增加 N，N′-二辛基-对苯二胺的浓度将增加临界伸长率，因为橡胶表面上 N，N′-二辛基-对苯二胺的平衡浓度随着负载而增加。这导致形成更厚、更耐用和柔韧的膜。位于薄膜正下方的 N，N′-二辛基-对苯二胺的较高平衡表面浓度也保证了在裂缝形成之前，任何被臭氧破坏的薄膜都能得到有效修复。另一方面，在固定的 N，N′-二辛基-对苯二胺水平下增加臭氧浓度会降低临界应力，因为薄膜会被臭氧过快地破坏，即在非常高的臭氧浓度下，薄膜破坏速度大于修复速度，保护屏障被迅速摧毁。考虑到 N-异丙基-N′-苯基-对苯二胺（N-isopropyl-N′-PHenyl-p-PHenylenediamine，IPPD）不会增加临界伸长率，其与臭氧的反应产物必然形成含有许多缺陷的屏障，事实上 N-异丙基-N′-苯基-对苯二胺在臭氧环境下会产生粉状生成物。如果，将 N-异丙基-N′-苯基-对苯二胺与蜡结合，会使临界应力显著增加，这归因于 N-异丙基-N′-苯基-对苯二胺促进蜡迁移并增加蜡花的厚度和连续性。

3. 替代苯基-对苯二胺抗臭氧防护

最有效的抗臭氧剂是替代苯基-对苯二胺，它们的抗臭氧机理是基于清除剂和单纯防护膜共存理论。臭氧与抗臭氧剂的反应比橡胶表面上的碳-碳双键反应快得多，可以有效保护橡胶免受臭氧侵蚀，直至表面抗臭氧剂耗尽。抗臭氧剂在橡胶表面与臭氧反应连续消耗的同时，也在持续从橡胶内部向表面扩散，补充表面浓度，进而提供对臭氧的连续保护。橡胶表面的抗臭氧剂/臭氧反应形成的薄性薄膜也同时提供保护。在苯基-对苯二胺分子中，芳基烷基取代的 NH 基团比双芳基取代的 NH 基团对臭氧更具反应活性，因为芳基烷基上的 N-原子电荷密度更高。芳基烷基-苯基-对苯二胺（例如，N-（1,3-二甲基丁基）-N′-苯基-对苯二胺）产生硝酮，而双烷基-苯基-对苯二胺如 N-N′-双-（1,4-二甲基戊基）-对苯二胺［N,N′-双（1,4-二甲基戊基）-对苯二胺］产生二硝基酮。显然，N-硝基对硝酮的稳定作用阻碍了硝酮与臭氧的进一步反应。图 4-11 描述了芳基-烷基苯基-对苯二胺的简化反应机理。

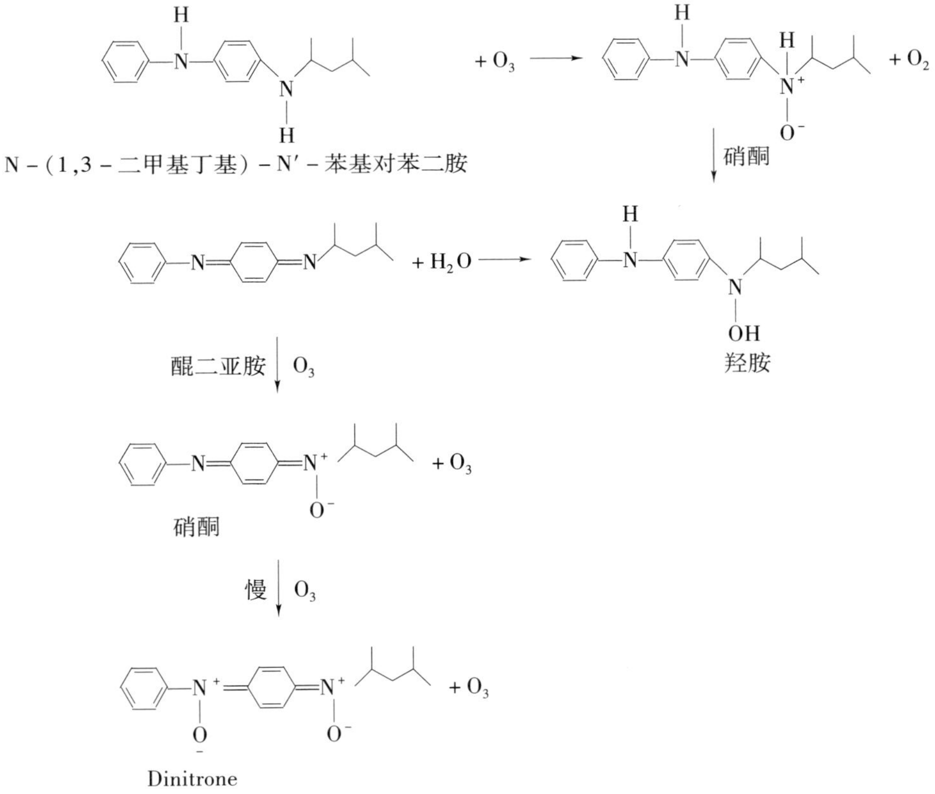

图 4-11 芳基-烷基-苯基-对苯二胺的臭氧化机理

4. 研究橡胶耐臭氧性的方法

由于对橡胶的臭氧侵蚀基本上是表面现象，因此测试方法包括将橡胶样品在静态和/或动态应变下，在恒定温度的封闭室中暴露于含有给定浓度臭氧的气氛中固化试验，定期检查试件是否开裂。根据拜耳法评估裂缝的长度和数量。ISO 标准臭氧测试条件包括（40±1）℃的测试温度和（50±5）pphm（每亿份）的臭氧水平，测试持续时间为 72 h。这些是加速测试，应该用于化合物的相对比较，而不是用于预测长期使用寿命。该方法相当复杂并且需要长时间的臭氧暴露。因此，在某些情况下，反过来使用抗臭氧剂与溶液中的臭氧反应的速率常数来评估不同抗臭氧剂的效率。

无论是化学还是物理方式，抗臭氧剂的损失似乎都是提供橡胶产品长期保护的限制因素。这就是为什么对于新的抗臭氧剂，不仅必须评估抗臭氧剂的效率，而且还必须观察影响其保护功能的其他性质。例如，分子的迁移率，即它们的迁移能力，是决定抗臭氧作用效率的参数之一。抗臭氧剂的迁移动力学的测定可以用 Kavun 详细描述的重量法进行。该方法用于确定扩散系数。使用经典扩散理论计算扩散系数见表 4–6。扩散系数随着温度的升高而增加，并且与橡胶的相容性降低。与 N–异丙基–N′–苯基–对苯二胺和 N–（1，3–二甲基丁基）–N′–苯基–对苯二胺相比，N–（1–苯基乙基）–N′–苯基–对苯二胺（N–（1–PHenylethyl）–N′–PHenyl–p–PHenylenediamine，SPPD）观察到的较低扩散系数通过增加的相对分子质量和/或增加的与橡胶的相容性来解释。

表 4–6 不同的橡胶和不同的温度下的扩散系数

橡胶	温度/℃	扩散系数 $D/(cm^2 \cdot s^{-1})$		
		N–异丙基–N′–苯基–对苯二胺	N–（1，3–二甲基丁基）–N′–苯基对苯二胺	N–（1–苯基乙基）–N′苯基–对苯二胺
天然橡胶/丁二烯橡胶	10	1.16×10^8	7.82×10^9	6.56×10^9
	25	2.99×10^8	1.92×10^8	1.54×10^8
	38	6.89×10^8	4.55×10^8	3.58×10^8
	62	1.88×10^7	1.47×10^7	1.20×10^7
	85	3.51×10^7	2.79×10^7	2.17×10^7
天然橡胶	10	3.40×10^9	1.70×10^9	1.30×10^9
	38	2.56×10^8	1.39×10^8	1.11×10^8
	62	1.19×10^7	7.05×10^8	6.05×10^8
	85	3.11×10^7	2.34×10^7	1.66×10^7
苯乙烯–丁二烯橡胶 1500	38	1.03×10^8	6.13×10^9	4.62×10^9
	62	4.28×10^8	3.05×10^8	2.47×10^8
	85	1.36×10^7	9.72×10^8	6.02×10^8

续表

橡胶	温度/℃	扩散系数 $D/(cm^2 \cdot s^{-1})$		
		N-异丙基-N'-苯基-对苯二胺	N-(1,3-二甲基丁基)-N'-苯基对苯二胺	N-(1-苯基乙基)-N'苯基-对苯二胺
丁二烯橡胶	38	1.32×10^7	8.56×10^8	6.79×10^8
	62	2.71×10^7	1.99×10^7	1.64×10^7

5. 持久的抗臭氧剂

明显需要长效抗臭氧剂（N-异丙基-N'-苯基-对苯二胺和N-(1,3-二甲基丁基)-N'-苯基对苯二胺的常规抗臭氧剂长2~3倍），以及用于更好外观产品（如轮胎人行道）的非染色和不变色抗臭氧剂。抗臭氧剂的功能类别包括取代的单酚、受阻的双酚和硫代双酚，取代的氢醌、有机亚磷酸酯和硫酯。三苯基膦、取代的硫脲和异硫脲、氨基硫脲、二硫代氨基甲酸酯、内酰胺和烯烃和烯胺化合物报告为非染色抗臭氧剂。使用非褪色抗臭氧剂完全替代苯基-对苯二胺的方法仅取得了有限的成功，导致开发了新类型的非染色抗臭氧剂。

Warrach和Tsou报道，相对于对苯二胺抗臭氧剂，双-(1,2,3,6-四氢苯甲醛)-季戊四醇缩醛为聚氯丁二烯、丁基橡胶、氯丁基橡胶和溴丁基橡胶提供了优异的臭氧保护，而不会使橡胶或染色白漆的钢试板褪色。然而，二烯弹性体（天然橡胶、聚异戊二烯、苯乙烯-丁二烯橡胶、聚丁二烯、丁腈橡胶）或固有耐臭氧弹性体（乙烯-丙烯共聚物、乙烯-丙烯-二烯三元共聚物、氯磺化聚乙烯、乙烯醋酸乙烯酯）的耐臭氧性没有被这种化合物改善。

Rollick、Gillick和Kuczkowski报道了一类新的橡胶防臭剂，它们在暴露于氧气、臭氧或紫外线时不会变色，即三嗪硫酮。只有与硫代羰基相邻的氮取代的变化才影响它们的抗臭氧效率。二氧化钛/处理过的黏土填充的苯乙烯-丁二烯橡胶化合物的加速老化试验显示出它们的不变色性质。使用4 phr 四氢-1,3,5-三正丁基-(S)-三嗪硫酮（图4-12）基本上没有颜色变化，而仅使用1 phr的N-(1,3-二甲基丁基)-N'-苯基-对苯二胺使橡胶显著变色，见表4-7。三嗪硫酮为天然橡胶/丁二烯橡胶提供显著的臭氧保护，对于浅色库存特别有价值。

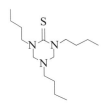

图4-12 四氢-1,3,5-三正丁基-(S)-三嗪硫酮

表 4-7 老化试样诱导的变色

抗臭氧剂①	时间/h	L	a	b	ΔE②
无	24	89.89	0	7.78	
	48	89.61	-0.10	10.19	
	96	89.72	-0.10	11.90	
1phr 6PPD③	24	34.21	3.69	8.21	55.80
	48	40.25	2.47	7.93	49.48
	96	45.93	1.86	8.40	43.97
4phr TDTT④	24	86.66	0.80	10.28	4.09
	48	87.81	0.81	10.99	2.17
	96	87.52	1.01	11.49	2.50

注：①100 phr 苯乙烯-丁二烯橡胶 1 502，30 phr 二氧化钛，30 phr 硫基化黏土，10 phr 氧化锌，5 phr 环烷油，2 phr 硫磺，0.25 phr 四甲基秋兰姆二硫化物；
②$\Delta E = \sqrt{(\Delta L)^2 + (\Delta a)^2 + (\Delta b)^2}$（老化时白度（$\Delta L$），色调（$\Delta a$）和色度（$\Delta b$）发生变化）；
③N-(1,3-二甲基丁基)-N'-苯基-对苯二胺；
④四氢-1,3,5-三正丁基-(S)-三嗪硫酮。

Ivan，Giurginca 和 Herdan 报道 3,5-二叔丁基-4-羟基苄基氰基乙酸酯是一种非染色抗臭氧剂，可提供与天然橡胶和顺式聚异戊二烯化合物类似的保护，如 N-异丙基-N'-苯基-对苯二胺（图 4-13）。该产品比传统的非染色抗臭氧剂（如苯乙烯酚类）更耐用。

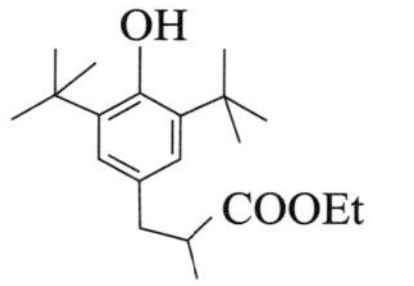

图 4-13 3,5-二叔丁基-4-羟基苄基氰基乙酸酯

Wheeler 描述了一类新的非染色抗臭氧剂，即三-N-取代-三嗪。2,4,6-三-(N-1,4-二甲基戊基-对苯二氨基)-1,3,5-三嗪（图 4-14），与 N-(1,3-二甲基丁基)-N'-苯基-对苯二胺相比，在天然橡胶/丁二烯橡胶化合物中具有优异的耐臭氧性，但没有接触、迁移或扩散染色（见表 4-8）。Hong 报道了这种三嗪抗臭氧剂在天然橡胶和丁二烯橡胶化合物中对苯基-对苯二胺的动态臭氧性能。Birdsall、Hong 和 Hajdasz 描述了三嗪抗臭氧剂在天然橡胶/丁二烯橡胶化合物上形成变色的起霜，但当以 2 phr 或更低的水平配混时，起霜最小。当与苯基-对苯二胺组合使用时，与单独使用三嗪抗臭氧剂相比，在相同的抗臭氧剂总水平下可以提供更好的臭氧保护。苯基-对苯二胺和三嗪抗臭氧剂的组合提供了长期保护。

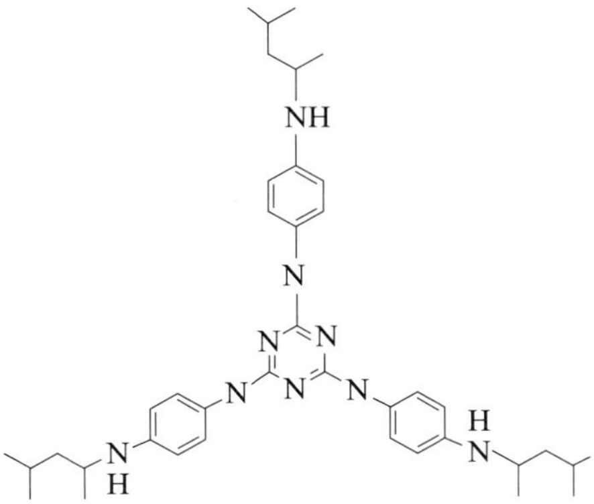

图 4-14 2,4,6-三-(N-1,4-二甲基戊基-对苯二氨基)-1,3,5-三嗪（**TAPTD**）

表 4-8 三嗪抗臭氧剂的染色试验

方法	抗臭氧剂	L
接触染色 96 h 后	Blank[①]	87.10
	TAPDT[②]	83.77
	HPPD[③]	65.59
迁移染色 96 h 后	Blank	86.89
	TAPDT[②]	87.53
	HPPD[③]	77.79
扩散染色，328K 下暴露于太阳灯 4 h	Blank	88.10
	TAPDT[②]	82.42
	HPPd[③]	32.65

注：①按 ASTM 方法 D-925-83 中的指定进行测试，该方法涉及通过接触、迁移或扩散对表面进行染色。在 L 标度上测量颜色值。在该标度 100 中为白色，0 为黑色；
②三-(N-1,4-二甲基戊基-对苯二氨基)-1,3,5-三嗪；
③N-(1,3-二甲基丁基)-N′-苯基-对苯二胺。

Lehocky Syrovy 和 Kavun 报道了在不同聚合物和不同温度下测定的 N-异丙基-N′-苯基-对苯二胺，N-(1,3-二甲基丁基)-N′-苯基-对苯二胺和 N-(1-苯乙基)-N′-苯基-对苯二胺（图 4-15）的迁移率。N-(1-苯乙基)-N′-苯基-对苯二胺显示出最低的迁移率，因此预计在橡胶化合物中持续时间最长。但是，不应过高估计迁移率的重要性，因为该值不足以确定抗臭氧剂的效果和效率。

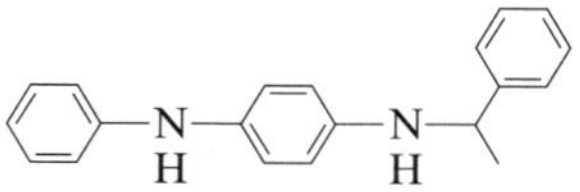

图 4-15 （N-(1-苯基乙基)-N′-苯基-对苯二胺）(SPPD) 的结构

实现橡胶化合物长效和无污染臭氧保护的最普遍方法是在与二烯橡胶的共混物中使用固有的抗臭氧饱和主链聚合物。耐臭氧聚合物必须以足够的浓度（最少 25 phr）使用，并且还必须充分分散以形成有效阻止臭氧引发的裂缝通过化合物内的二烯橡胶相连续传播的区域。已提出弹性体如乙烯-丙烯-二烯三元共聚物、卤化丁基橡胶或溴化异丁烯-共-对甲基苯乙烯弹性体与天然橡胶和/或丁二烯橡胶组合。

Ogawa, Shiomura 和 Takizawa 报道了在黑色胎侧配方中使用各种乙烯丙烯二烯橡胶聚合物与天然橡胶的混合物，实验室测试显示出改善的抗裂纹扩展和热老化性能。

Hong 报道，60 phr 天然橡胶和 40 phr 乙烯丙烯二烯橡胶橡胶的聚合物共混物可以最好地保护黑色侧壁化合物免受臭氧侵蚀。使用较高相对分子质量的乙烯丙烯二烯橡胶可提供良好的抗挠曲疲劳失效以及对胎体和胎面胶料的黏合性。2,4,6-三-(N-1,4-二甲基戊基-对苯二氨基)-1,3,5-三嗪首先与天然橡胶混合形成母料，然后与乙烯丙烯二烯橡胶和其他成分混合，通过一定的工艺加工以保护天然橡胶相。含有这种天然橡胶/乙烯丙烯二烯橡胶混合物（60/40）和 2.4 phr 三嗪抗臭氧剂的化合物达到了对轮胎黑色侧壁的所有要求。

Sumner 和 Fries 报道了耐臭氧性取决于乙烯丙烯二烯橡胶的含量。当在化合物中使用 40 phr 的乙烯丙烯二烯橡胶时，在黑色侧壁的整个使用寿命期间没有开裂。耐臭氧性还取决于乙烯丙烯二烯橡胶与天然橡胶的适当混合，以实现小于 1 μm 的聚合物域尺寸，否则可能会发生严重的裂解。高相对分子质量和高亚乙基降冰片烯（ethylidene norbornene, ENB）含量的组合提供了对高度不饱和聚合物的良好黏结。当乙烯丙烯二烯橡胶和天然橡胶的长链通过剪切和机械加工而分解时，黏结机制涉及自由基的产生。人们认为在两种弹性体之间发生接枝。接枝聚合物被认为是增容剂。天然橡胶/乙烯丙烯二烯橡胶化合物不依赖于抗降解剂的迁移以实现耐臭氧性，因此不会污染胎侧，在轮胎的整个使用寿命期间外观极佳。然而，在目前的开发阶段，天然橡胶/乙烯丙烯二烯橡胶侧壁化合物难以混合，成本过于昂贵，导致滚动阻力增加并且与天然橡胶/丁二烯橡胶侧壁化合物相比具有降低的黏性。

4.2.3 抗降解剂的作用机理

本节列出了最常用的通用橡胶抗降解剂。抗降解剂分为染色和非染色产品，有或没有疲劳，臭氧和氧气保护。

4.2.3.1 染色抗降解剂

1. 具有疲劳和臭氧保护作用的抗氧化剂（抗臭氧剂）

对苯二胺衍生物（强烈褪色）的结构如图 4-16 所示。

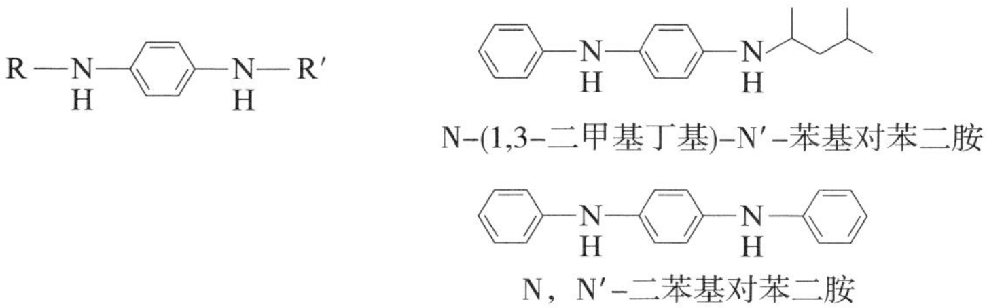

N-(1,3-二甲基丁基)-N′-苯基对苯二胺

N，N′-二苯基对苯二胺

图 4-16 对苯二胺衍生物的结构

对苯二胺衍生物包括：

N - 异丙基 - N′ - 苯基 - 对苯二胺（IPPD）；

N - (1，3 - 二甲基丁基) - N′ - 苯基 - 对苯二胺（6PPD）；

N - N′ - 双 - (1，4 - 二甲基戊基) - 对苯二胺（77PD）；

N，N′双 - (1 - 乙基 - 3 - 甲基戊基) - 对苯二胺（DOPD）；

N，N′ - 二苯基对苯二胺（DPPD）；

N，N′ - 二甲苯基对苯二胺（DTPD）；

N，N′ - 二 - β - 萘基对苯二胺（DNPD）；

N，N′ - 双（1 - 甲基庚基）对苯二胺；

N，N′ - 二仲丁基对苯二胺（44PD）；

N - 苯基 - N′ - 环己基对苯二胺；

N - 苯基 - N′ 1 - 甲基庚基 - 对苯二胺。

说明：

（1）在静态和动态条件下最有效的臭氧和疲劳保护剂；

（2）它们增加了在静态和动态条件下形成臭氧裂缝所需的临界能量（在较高延伸处形成裂缝）；

（3）它们可以在静态和动态条件下减少裂纹的增长；

（4）有效性取决于氮取代基的类型和大小；

(5) 由于良好的溶解性，在丁腈橡胶中效果较差；

(6) N，N′－二－β－萘基对苯二胺是最好的抗氧化剂，但迁移率低。

2. 具有疲劳保护但无抗臭氧保护的抗氧化剂

1) 二苯胺衍生物（强烈褪色）

二苯胺衍生物的结构如图 4－17 所示。

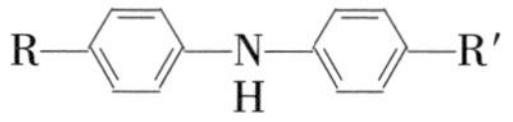

R—⟨ ⟩—N(H)—⟨ ⟩—R′

图 4－17　二苯胺衍生物的结构

二苯胺衍生物包括：

辛基化二苯胺（ODPA）；

苯乙烯二苯胺（SDPA）；

丙酮/二苯胺缩合产物（ADPA）；

4，4′－双（α，α－二甲基苄基）二苯胺；

4，4－二枯基二苯胺。

说明：

(1) 良好的抗氧化和热保护活性；

(2) 通用橡胶对彼此大致相同；

(3) 辛基化二苯胺是氯丁橡胶中特别好的热保护材料；

(4) 天然橡胶和聚异戊二烯橡胶的疲劳保护量有限（不如苯基－α－萘胺或苯基－β－萘胺）；

(5) 苯乙烯－丁二烯橡胶和丁二烯橡胶的疲劳保护量非常小。

2) 萘胺衍生物（强褪色剂）

萘胺衍生物的结构如图 4－18 所示。

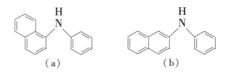

图 4－18　萘胺衍生物的结构

(a) 苯基－α－萘胺；(b) 苯基－β－萘胺

萘胺衍生物包括：

苯基－α－萘胺（PAN）；

苯基－β－萘胺（PBN）。

说明：

（1）苯基-α-萘胺和苯基-β-萘胺在天然橡胶中作为疲劳保护剂性能活跃，在苯乙烯-丁二烯橡胶和丁二烯橡胶中活性较低；

（2）苯基-α-萘胺和苯基-β-萘胺是高效抗氧化剂，但由于毒理学考虑而变得不那么重要。

3. 抗氧化保护很少或没有抗氧化剂的抗氧化剂

二氢喹啉衍生物（强烈褪色）的结构如图4-19所示。

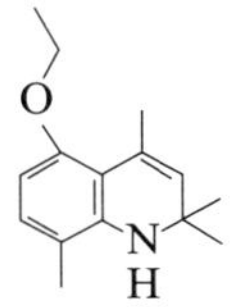

6-乙氧基-2,2,4-三甲基-1,2-二氢喹啉　　2,2,4-三甲基-1,2-二氢喹啉，聚合
　　　　　　　（a）　　　　　　　　　　　　　　　　　（b）

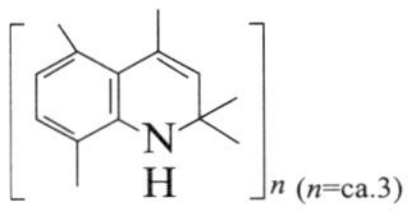

图4-19　二氢喹啉衍生物的结构

二氢喹啉衍生物包括：

6-乙氧基-2,2,4-三甲基-1,2-二氢喹啉（ETMQ）；

2,2,4-三甲基-1,2-二氢喹啉，聚合（TMQ）。

说明：

（1）6-乙氧基-2,2,4-三甲基-1,2-二氢喹啉作为抗疲劳剂和抗氧化剂均有效；

（2）2,2,4-三甲基-1,2-二氢喹啉是一种优异的抗氧化剂和持久的热稳定剂（低挥发性）。

4.2.3.2　无染色抗降解剂

1. 具有疲劳和臭氧保护的抗氧化剂

单酚衍生物（不脱色）的结构如图4-20所示。

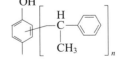

图4-20　单酚衍生物的结构

单酚衍生物包括：

苯乙烯酚（SPH）；

苯乙烯和烷基化苯酚（SAPH）；

说明：苯乙烯酚与苯乙烯和烷基化苯酚具有大致相同的疲劳保护作用，远低于对苯二胺。

2. 无疲劳和臭氧保护的抗氧化剂

1）单酚衍生物（不褪色）

单酚衍生物的结构如图 4－21 所示。

单酚衍生物包括：

2，6－二叔丁基羟基甲苯（BHT）；

2，6－二叔丁基－4－壬基苯酚；

3－(3，5－二叔丁基－4－羟基苯基）丙酸甲酯；

2,6–二叔丁基羟基甲苯

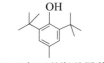

图 4－21　单酚衍生物的结构

2，6－二叔丁基－4－乙基苯酚；

十八烷基 3，5－二叔丁基－4－羟基氢化肉桂酸酯；

4－壬基酚。

说明：2，6－二叔丁基羟基甲苯经常被使用，但由于低相对分子质量的高挥发性仅在低温下有效。

2）双酚衍生物（不褪色）

双酚衍生物的结构如图 4－22 所示。

双酚衍生物包括：

2，2′－亚甲基－双－(4－甲基－6－叔丁基苯酚)（BPH）；

2，2′－亚甲基－双－(4－甲基－6－环己基苯酚)；

2，2′－异丁基－2－(4－甲基－6－叔丁基苯酚)；

2，2′－二环戊基双－(4－甲基－6－叔丁基苯酚)；

三甘醇双（3－叔丁基－4－羟基－5－甲基苯基）－丙酸酯。

说明：

(1）出色的防氧保护；

(2）长时间曝光后，由于形成发色团结构，会发生一定量的粉红色变色，而 2，2′－异亚甲基－双－(4－甲基－6－叔丁基苯酚）非常小。

3）苯并咪唑衍生物（不褪色）

苯并咪唑衍生物的结构如图 4－23 所示。

2,2′–亚甲基–双–（4–甲基–6–叔丁基苯酚）

图 4－22　双酚衍生物的结构

2–巯基苯并咪唑

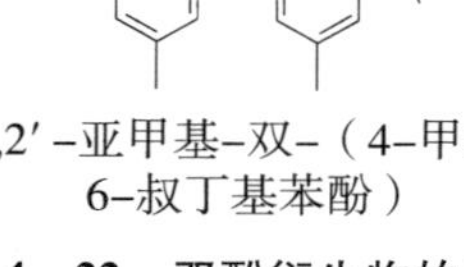

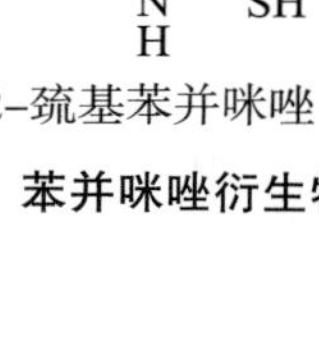

图 4－23　苯并咪唑衍生物的结构

苯并咪唑衍生物包括：

2 - 巯基苯并咪唑（MBI）；

锌 - 2 - 巯基苯并咪唑（ZMBI）；

甲基 - 2 - 巯基苯并咪唑（MMBI）；

锌 - 2 - 甲基巯基咪唑（ZMMBI）。

说明：

（1）杂环硫醇是中等活性，不变色的老化保护剂（活性低于受阻酚）；

（2）与其他抗氧化剂协同作用非常活跃，很少单独使用。

4）对苯二酚（不褪色）

对苯二酚的结构如图 4 - 24 所示。

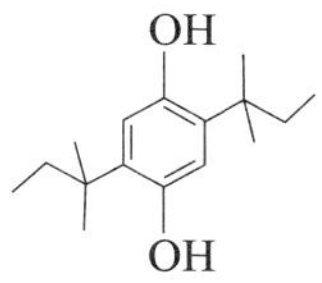

2,5-二（叔戊基）氢醌

图 4 - 24　对苯二酚的结构

对苯二酚包括：

2,5 - 二叔丁基对苯二酚（TBHQ）；

2,5 - 二（叔戊基）氢醌（TAHQ）；

对苯二酚（HQ）；

对甲氧基苯酚；

甲苯氢醌（THQ）。

说明：

（1）对氧反应不强烈，是自由基陷阱；

（2）用作未固化橡胶的稳定剂。

5）亚磷酸酯

亚磷酸酯的结构如图 4 - 25 所示。

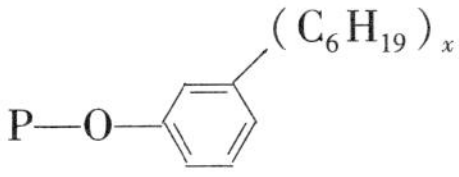

三（混合的单 - 和二 - 壬基苯基）亚磷酸酯

图 4 - 25　亚磷酸酯的结构

亚磷酸酯包括：

三（混合的单 - 和二 - 壬基苯基）亚磷酸酯（TNPP）；

二苯基异癸基亚磷酸酯（DIDP）；

二苯基异辛基亚磷酸酯（DIOP）；

二硬脂基季戊四醇二亚磷酸酯（DPDP）。

说明：

（1）亚磷酸酯（来自三氯化磷和各种酚类）作为过氧化物分解剂的作用；

（2）它们在酸性物质存在下水解；

（3）它们在硫磺硫化过程中被破坏，因此在加工和制造过程中用于稳定合成橡胶（有时使用非硫磺硫化系统）。

6）硫代苯酚

硫代苯酚的结构如图4-26所示。

硫代苯酚包括：

4，4′-硫代-6-（叔丁基间甲酚）（TBMC）；

2，4-双［（辛基硫基）甲基］邻甲酚。

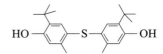

4,4′-硫代-6-（叔丁基间甲酚）

图4-26 硫代苯酚的结构

说明：

（1）中等至优异的抗氧化剂；

（2）仅略微挥发，因此长期抗氧化性良好；

（3）由于硫桥，略微激活硫磺硫化系统。

7）二月桂基硫代二丙酸酯（DLTDP）

二月桂基硫代二丙酸酯的结构如图4-27所示。

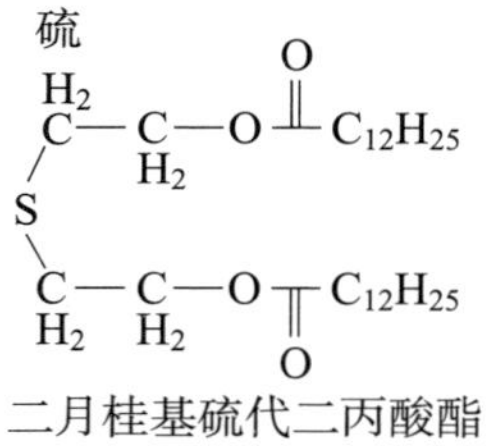

$$\begin{array}{c} \text{硫} \\ \text{H}_2 \\ \text{C} - \underset{\text{H}_2}{\text{C}} - \text{O} - \overset{\text{O}}{\underset{\|}{\text{C}}} - \text{C}_{12}\text{H}_{25} \\ | \\ \text{S} \\ | \\ \text{C} - \underset{\text{H}_2}{\text{C}} - \text{O} - \overset{\text{O}}{\underset{\|}{\text{C}}} - \text{C}_{12}\text{H}_{25} \\ \text{H}_2 \end{array}$$

二月桂基硫代二丙酸酯

图4-27 二月桂基硫代二丙酸酯（DLTDP）的结构

二月桂基硫代二丙酸酯包括：

硫二丙酸地米氏剂；

丙酸二硫二酯；

丙酸丁酯；

二烯基硫二丙酸；

十八烷基3-巯基丙酸酯戊四醇（β-劳尔基硫丙酸）；

2，2′硫二乙基双-（3′，5′-二丁基-4-羟基酚）-丙酸；

硫二丙酸聚酯。

说明：

(1) 过氧化物分解剂，如亚磷酸盐；
(2) 与通过自由基机制起作用的抗氧化剂协同作用。

3. 没有抗氧化保护的抗氧化剂

1）石蜡

石蜡主要是直链烃，低相对分子质量（350~420）。由于其线性结构，它们具有高度结晶性，因此形成大晶体（熔点为38~74℃），通常石蜡从橡胶材料内部迁移到表面，形成薄膜的最佳使用温度是10~50℃，保护膜厚度在0.5μm左右是环境温度达到45~55℃时，石蜡在再生胶中溶解度增大，不能形成完好的蜡膜。

2）微晶蜡

从较高相对分子质量的石油残余物（相对分子质量490~800）获得。分子主要是支化的，因此形成更小、更不规则的晶体（熔化温度约57~100℃）。最大薄膜厚度温度50~60℃；在较低温度下，由于分子的分支，迁移率太低而不能起霜。

3）不饱和缩醛

不饱和缩醛的结构如图4-28所示。

双-(1,2,3,6-四氢苯甲醛)-季戊四醇缩醛（AFS），用于浅色产品的抗氧化剂，不如苯基-对苯二胺（不饱和缩醛、乙烯丙烯二烯橡胶和卤化丁基）有效。

4）烯醇醚

烯醇醚的结构如图4-29所示。

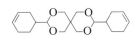

图4-28 不饱和缩醛的结构

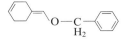

图4-29 烯醇醚的结构

4-(苄氧基亚甲基)环己烯（AFD），用于浅色产品的抗氧化剂，具有与辛基化二苯胺大致相同的疲劳保护效果，效果不如苯基-对苯二胺。

4.2.4 防止弯曲裂缝的机理

弯曲裂纹是指橡胶表面在反复变形循环过程中产生和扩展裂纹的现象，通过疲劳试验确定。橡胶在室温下的疲劳是由于在氧气有限的条件下反复的机械应力引起的降解过程。机械变形应力被认为可产生大烷基自由基（R·）。一小部分大环烷基与氧反应形成烷基过氧基，仍然留下高浓度的大烷基。因此，在催化过程中除去大分子烷基构成了主要的抗疲劳过程。另外，大分子烷基在空气-炉热老化下迅速转化为烷基过氧基。由烷基过氧自由基传播的自氧化在降解过程中占主导地位，因此，去除烷基过氧基成为抗氧化剂的主要功能基因。

已经证明，二芳基胺是良好的抗疲劳剂，并且二芳基胺硝酰基自由基甚至比母体胺更有效。已经提出了胺抗降解剂的抗疲劳机理，如图4-30所示，其中中间体硝酰自由基的形成起主要作用。在疲劳过程中，产生大分子烷基并随后通过与这些硝酰自由基反应除去。得到的羟胺可以被烷基过氧基重新氧化，以在自动氧化链断裂过程中重新产生硝酰自由基。在硫化期间，硝酰自由基可以通过硫醇的硫基自由基的还原作用部分地转化回游离二芳基胺，由此再生的游离二芳基胺将重复图4-30中描述的反应以生成更多的硝酰基。

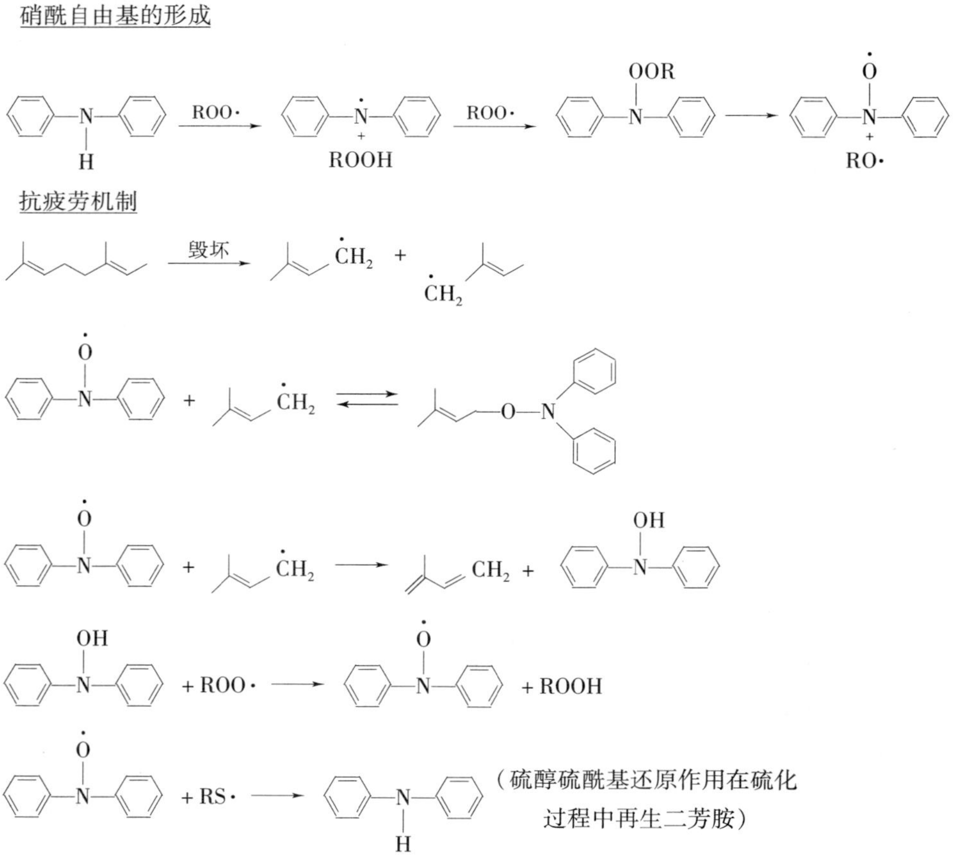

图4-30　二芳基胺的抗疲劳机理

4.3 特殊环境下的耐腐蚀性

4.3.1 稳定添加剂环境

商业聚合物化合物总离不开热稳定添加剂。稳定添加剂的主要类别阐述如下。

"主抗氧化剂"或"断链抗氧化剂":主要作为不定的氢供体(Hydrogen Donors,AH)。它们与上述聚合物抽氢反应积极竞争:

$$RO_2 \cdot + AH \rightarrow ROOH + A \cdot$$

$A \cdot$ 比 $R \cdot$ 更稳定。

受阻酚类化合物和芳香族仲二胺占主导地位,是一种低相对分子质量酚类。氢来自氢氧基(OH)。此外,添加剂将通过以下方式充当自由基清除剂或捕获剂:

$$A \cdot + RO_2 \cdot \rightarrow AOOR$$

当添加剂(AH)的迁移率大于聚合物(RH)的迁移率时,这种"清除"过程优于上述的反应。胺通过 H-N 基团的相对低的键能充当氢供体。

6-二叔丁基-4-甲基苯酚的分子结构如图 4-31 所示。

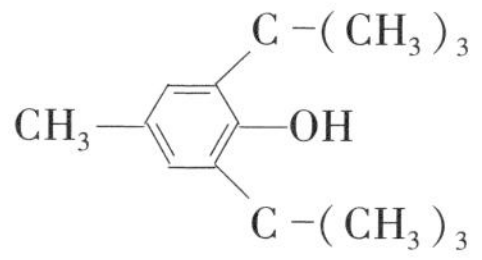

图 4-31 6-二叔丁基-4-甲基苯酚(丁基化羟基甲苯或 BHT)

虽然胺类在技术上属于比酚类更强大的抗氧化剂,但它们受到其他限制。胺的一个主要缺点是由于稳定反应而更容易变色,常见的副产物是强力生色团的二元胺。因此,胺类抗氧化剂很少用于稳定塑料,但用于橡胶(通常为黑色)。此外,许多胺类是弱致癌物质。酚类抗氧化剂也会造成各种变色问题。"气体褪色"是由于周围气体如氮氧化物和二氧化硫对酚类抗氧化剂的氧化造成的。应避免在加工或后续储存过程中使用燃气加热器,否则应减少酚类含量,代之以高活性亚磷酸酯。另一个问题涉及树脂催化剂和酚醛树脂之间的反应。现代催化剂可以是非常酸性的,并且它们可以与抗氧化副产物反应,以产生醌生色团。据报道,丁基化羟基甲苯(最便宜的酚类抗氧化剂)是最常见的罪魁祸首,因此关键产品应避免使用更高相对分子质量、更受阻的酚类。

主抗氧化剂的组合太多而无法在此列出。通常,在加工过程中优先选择较低相对分子质量类型的抗氧化剂保护聚合物，在使用期间使用较高相对分子质量的抗氧化剂进行长期保护。"辅助抗氧化剂"或"预防性抗氧化剂"：主要作为氢过氧化物分解剂（A）与反应（c）竞争：

$$ROOH + A \rightarrow ROH + AO$$

其中，氧化稳定剂和醇 ROH 是稳定的。这类添加剂包括含磷化合物，如亚磷酸酯和含硫化合物，如硫酯。在加工过程中，往往选择亚磷酸三壬基苯酯等亚磷酸酯用于保护，并具有美国食品药品监督管理局批准的优点；许多产品中的主要缺点是它们的水解稳定性差。与芳香族亚磷酸酯相比，脂肪族亚磷酸酯对水解的耐受性较差。在保护使用中的聚合物方面，硫酯更为有用，但会产生难闻的气味/味道，硫酯的另一个缺点是其会降低受阻胺光稳定剂（Hindered Amine Light Stabiliser，HALS）提供的保护作用。

4.3.2 氧化介质环境

与其他一些形态的氧相比，空气中或溶于水的分子氧（O_2）具有适度的氧化性。臭氧（O_3）和原子，或例如单线态氧，更具侵蚀性。单线态氧可能是塑料过早氧化降解的常见原因，而臭氧是橡胶过早氧化降解的主要原因。耐臭氧性和非耐臭氧性的聚合物的混合物符合标准加速臭氧测试，已经得到使用，但在可能的情况下应避免使用这种混合物。IBM 公司在使用 9 个月后发现了计算机柔性冷却软管中的臭氧裂纹。软管是聚氯乙烯/丁腈橡胶的混合物，而且规定要求聚氯乙烯/丁腈橡胶比例至少应为 20/80。然而，分析显示，这一比例只有 14/86。为避免此类失效重复发生，IBM 公司更改了其规范。产品测试更严格（100 mPa 分压臭氧，25% 应变，50℃，168 h）并且为了使混合误差最小化，不使用具有天然耐臭氧性的三元乙丙橡胶、聚氯乙烯或氯磺化聚乙烯（Polyethylene，PE）。在热氯化水中，铜管的耐腐蚀性差，且安装成本高，促使家用取暖和热水应用改为采用塑料。主要使用三种主要候选塑料：交联聚乙烯（Crosslinked Polyethylene，XLPE 或 PE – X）、氯化聚氯乙烯（Chlorinated PVC，CPVC）和聚丁烯（Polybutylene，PB）。

20 世纪 80 年代，聚丁烯已成为美国的首要材料。在南部各州，大量的新房中安装了聚丁烯管道。20 世纪 90 年代初，聚丁烯管道和相关的乙缩醛配件的失效被公开报道，并且当地已经启动了一些针对供应链的集体诉讼。1995 年，某些配件中的缩醛类均聚物供应商杜邦宣布了 1.2 亿美元的和解，以支付未来的补修成本。同年，Shell Chemicals（聚丁烯材料供应商）和 Hoechst Celanese（管道配件用缩醛类共聚物供应商）同意 8.5 亿美元的国家集体诉讼决议。该决议是聚合物产品的费用最多的诉讼案件,将用作为当前和未来的投诉人更换泄漏管道系统的费用。此前某阶段,人们认为缩醛配件的降解可能通过(酸性)反应产物引发聚丁烯管的降解,但经证实,并非如此。因此,应将这两个问题分开,并将注意力集中在系统主要部分的聚丁烯管道的失效上。几种类型的失效是可避免的,包括与安装不当相关的失效问题,例如局部弯曲和扭曲。然而,显然系统的耐久性基本上受到热氧化降解的限制。一种失效的聚丁烯热水管孔如图 4 – 32 所示。在壁厚上存在渐进的变色(变黄),该管抗氧化剂损失,相对分子质量降低。在静水压力、管道弯曲和连接产生的拉应力的影响下,脆化的内表面产生微裂纹。热氯化水与高应力裂纹尖端接触,导致局部降解,裂纹扩张并最终导致透过厚度的分裂。这是一个应力腐蚀开裂(Stress Corrosion Cracking,SCC)的例子。热氧化断链是主要的降解机制。

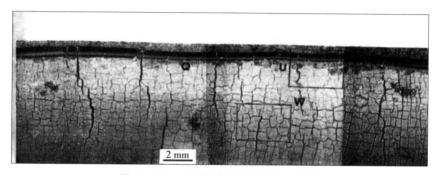

图 4 – 32 一处失效的聚丁烯热水管孔

氯(作为消毒剂添加到家庭用水中,通常为 ~1 ppm)通过二次解离反应提供高活性的新生态(原子)氧来加速这种降解机制:

$$Cl_2 + H_2O \rightleftharpoons HCl + HOCl$$
$$\updownarrow$$
$$HCl + O \cdot$$

该氧化介质的潜在性能部分由水中氯的浓度决定。实际性能由次氯酸(Hypochlorous Acid,HCLO)的稳定性决定。经供应商计算,即使是连续使用,该材料也可以顺利地使用 50 年。然而,对使用耐久性的评估显示,最可能的预期使用寿命约为 15 年。这是基于对 8~22 年之间的 1 150 根管道的检查所得出来的。其中 64% 有明显的降解,42% 含有穿透性裂缝。预期使用寿命大于 50 年,与最可能的 15 年的使用寿命之间的差异是值得特别关注的关键因素。在早期测试中,忽略了氯化的影响，而使用静水介质在升高的温度下对管道进行压力测试。在建议的最大应力下，管道破裂时间如表所列。假设活化能恒定，可以通过外推，预测在 60℃ 的连续温度下，失效时间为 316 年。在静水中，高温下的失效时间如表 4-9 所列，供应商随后在含有 1 ppm 氯气的循环水中进行试验，其结果如表 4-10 所列。

表 4-9 在静水中、高温下的失效时间

温度/℃	失效时间/h
115	8 000
105	20 000
95	53 000

表 4-10 在氯气循环水中、高温下的失效时间

温度/℃	失效时间/h
115	2 500
105	5 500
95	12 000

假设活化能恒定，可以通过外推，预测在 60℃ 的连续温度下 29 年的失效时间。氯浓度每增大至 3 倍，使用寿命减少约 50%。另外，根据 Arrhenius 方程式在活化能与温度呈非线性关系，其使用寿命可能会进一步减小。在静水状态下，抗氧化剂的浸出率最初很高，但是当水达到平衡饱和时，浸出消耗可以忽略不计。考虑到随后的发现，聚丁烯的氧化诱导时间由物理消耗（如沉淀，浸出，蒸发）而非化学消耗决定，显然在循环水中的测试将明显缩短预计的耐久性。因为供应商认为耐久性会受到蠕变破裂的限制，而非材料的限制，所以建议选择初始测试方法，这一建议是合情合理的。但是如果建议供应商冒险，为了降低成本而选择采用不能复制预期使用条件的真实严重程度的测试方法，就显得并非完全合理。

4.3.3　铅基化合物环境

聚氯乙烯对热的主要反应是脱氯化氢，其反应方程如图 4-33 所示。

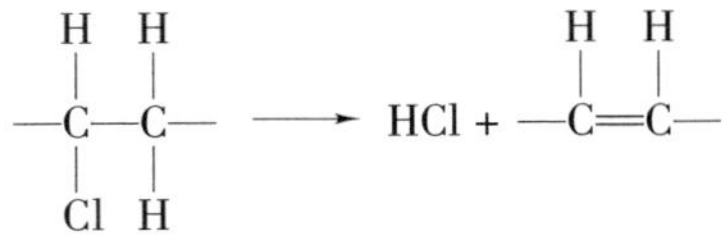

图 4-33　聚氯乙烯热的反应方程

盐酸进一步催化脱氯化氢，该反应的不饱和产物是多烯，其对热氧化和光氧化敏感，并且可以充当强发色团。由热降解引起的氢氯酸的演变是热熔加工中的重要问题。酸会侵蚀模具和机器，通常采用特殊钢来规避这种问题。接触过聚氯乙烯的加工机械在与其他塑料一起使用之前需要仔细清洁，否则残留的氢氯酸可能（如乙缩醛一样）引发爆炸反应。由聚氯乙烯燃烧产生的氢氯酸是导致材料受到环境压力组的压力的主要原因。在马岛战争期间，军舰中聚氯乙烯绝缘电缆燃烧造成的通信设备腐蚀和损坏，促使人们开始使用无卤素材料代替聚氯乙烯材料。有氧气时，脱氯化氢反应加速，但常规的断链抗氧化剂不会明显延缓该过程。二级（氢过氧化物分解剂）抗氧化剂如三壬基苯基亚磷酸酯和萘基二硫化物是有益于该反应的。然而，聚氯乙烯的热稳定性主要依赖于作为有效酸（氯化氢）清除剂的添加剂。

铅基化合物是聚氯乙烯最强大的稳定剂。这些铅化合物包括碳酸铅（最廉价的）、三元硫酸铅、二元亚磷酸铅和二元邻苯二甲酸铅（最昂贵的）。人们对铅的毒性作用的关注度提升（在某些情况下限制性监管），威胁到其传统的主导地位，据估计在英国铅仍然占聚氯乙烯稳定剂市场的 50% 以上。经证明，镉/钡化合物（如酚盐）的协同组合也是有效的，但是限制镉的使用，同样损害了它们在将来的使用。目前，安全稳定的最佳稳定剂的选择主要是有机锡化合物，或是 Ca/Zn 或 Ba/Zn 化合物与二级抗氧化剂的协同组合。

第 5 章

近海环境装备失效种类

对于现在已经发现的绝大多数装备失效问题都与腐蚀密切相关,常见的腐蚀形式主要 8 种,此外还有一些特定环境中较为少见的腐蚀形式。最常见腐蚀形式是均匀腐蚀,又称为全面腐蚀,与材料的微观结构和部件设计无关。均匀腐蚀取决于环境条件和材料成分,通常腐蚀速度较为缓慢。其他所有腐蚀形式都是局部的,取决于环境、部件、系统设计和材料的微观结构。上述腐蚀形式通常比均匀腐蚀的腐蚀率更高,并且在某些情况下可以非常快速地进行。在设计新系统时,应对各种腐蚀形式的材料和环境进行评估。下面重点对典型腐蚀形式进行分析,同时对常用的防护方案进行介绍。

5.1 均匀腐蚀

均匀腐蚀是在材料表面上发生的大面积腐蚀,仅取决于材料的成分和环境。其结果是使材料变薄直至失效。

5.1.1 均匀腐蚀机理

按照如下的指数关系,均匀腐蚀率是可以预测的。

$$p = At^{-B} \tag{5.1}$$

式中:p 为腐蚀率;t 为暴露时间;A、B 为常数,取决于材料和环境。

随着时间的推移,金属表面上形成氧化层,其直接结果是腐蚀率降低,然后阻止进一步腐蚀。然而,在极端情况中,环境的腐蚀性很轻,并且破坏氧化层。在这种情况下,腐蚀率是时间的常数。图 5-1 所示为均匀腐蚀的腐蚀率变化关系。式(5.1)可用于预测短期腐蚀所能产生的长期损害结果。然而,上述预测存在一些问题。环境通常会随着时间而发生变化，因此腐蚀率将偏离预测的结果。此外，其他形式腐蚀的发展，也可能会加速局部区域腐蚀。

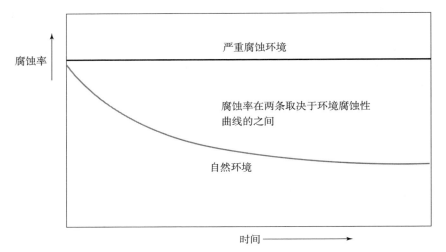

图 5-1　均匀腐蚀率变化关系图

在重量损失或厚度损失的条件下对均匀腐蚀进行的测量，需要使用另外一个公式，即

$$t = \frac{534w}{\rho AT} \tag{5.2}$$

式中：T 为厚度损失（mil/年）；W 为质量损失（mg）；ρ 为密度（g/cm^3）；A 为暴露面积（in^2，1 in = 25.4 mm）；T 为暴露时间（h）。

5.1.2　材料选择

迄今为止，镁和低合金黑色金属是最容易受到均匀腐蚀的金属，如图 5-2 所示。图中未提及的其他金属类，通常其大气均匀腐蚀率可以忽略。对于易感金属，增加与特定元素的合金化，可以增加其对均匀腐蚀的耐腐蚀性。合金化还应考虑环境成分和腐蚀程度。暴露在近海环境中钢桩的相对均匀腐蚀敏感性，如图 5-3 所示。

5.1.3　均匀腐蚀管理

对耐均匀腐蚀性材料的选择，应该充分考虑金属材料可能遇到的环境。在可行的情况下，应使用有机或金属涂层。当未使用涂层时，在暴露在环境之前，应当人为地进行金属表面氧化处理，从而产生更均匀的氧化层，并控制氧化层厚

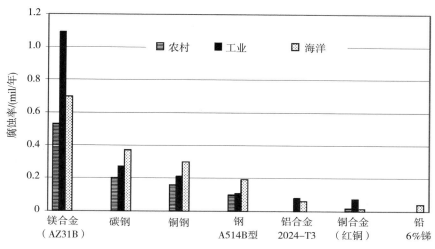

图 5-2　各种金属的大气腐蚀率

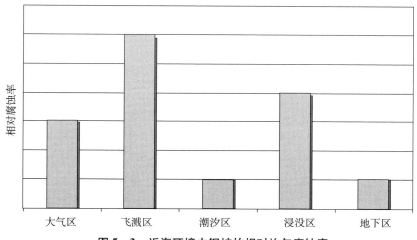

图 5-3　近海环境中钢桩的相对均匀腐蚀率
（飞溅区－高于高潮水位，浸没区－低于高潮水位，但高于低潮水位）

度。还应进行表面处理，添加如铬一类的其他元素，以增强耐腐蚀性。此外，气相抑制剂可用在锅炉之类的装备中应用，以有效对抗腐蚀性元素，并调节环境的 pH 值。

5.2 电偶腐蚀

当具有不同电位的两种金属（不同金属）通过物理接触或通过导电介质（如电解质）电连接时，就会发生电偶腐蚀。满足上述要求的系统，会形成一个导电的电化学电池。然后，感应电流可以从一种金属中吸引电子，从而在电化学电池中充当阳极。这也会导致阳极的腐蚀率更快。因此，金属阴极的抗腐蚀性能够得到提升。在两种金属接触的表面附近，通常观察到的电偶腐蚀最大。图 5-4 显示了不同金属紧固件附近金属部件上的电偶腐蚀情况。

图 5-4 不锈钢螺钉和铝之间的电偶腐蚀

通常，腐蚀是在阳极和阴极之间发生电化学反应的结果。在均匀腐蚀的情况下，被腐蚀的金属在反应中充当阳极和阴极，其中，金属表面上的局部区域具有略微不同的电位。然而，电偶腐蚀是发生在两种不同的金属之间的。具有较低电位的金属充当阳极，而具有较高电位的金属充当阴极。腐蚀反应/腐蚀电流（电流的流动）是由电势梯度决定的。部分常见金属元素的典型如表 5-1 所列。

表 5-1 部分常见金属元素的典型电位

金属	形成离子	反应性	可能性
钠	Na^+	趋向阳极	-2.714
镁	Mg^{++}		-2.363
铍	Be^{++}		-1.847
铝	Al^{+++}		-1.663
钛	Ti^{++}		-1.628

续表

金属	形成离子	反应性	可能性
锰	Mn^{++}	趋向阳极	-1.180
锌	Zn^{++}		-0.763
铬	Cr^{++}		-0.744
铁（二价铁）	Fe^{++}		-0.440
镉	Cd^{++}		-0.403
钴	Co^{++}		-0.277
镍	Ni^{++}		-0.250
锡	Sn^{++}		-0.136
铅	Pb^{++}		-0.126
铁（三价铁）	Fe^{+++}		~ -0.4
氢	H^+	中性	0.000
锑	Sb^{+++}	趋向阴极	+0.152
铜（二价铜）	Cu^{++}		+0.342
铜（一价铜）	Cu^+		+0.521
汞	Hg^{++}		+0.788
银	Ag^+		+0.799
钯	Pd^{++}		+0.987
铂	Pt^{++++}		~ +1.2
金（三价金）	Au^{+++}		+1.498
金（二价金）	Au^{++}		+1.691

5.2.1 电偶腐蚀机理

有许多因素会影响电偶腐蚀及其发生的速度，这些因素包括耦合金属的电位差、相对面积，以及系统几何形状。产生或防止电偶腐蚀的其他因素包括金属的极化（电解过程中电极电位的变化）、系统的电阻和电流、电解质的类型（pH 值、浓度），以及电解质的流动性和与气体接触情况。

1. 电位差系列

引起电偶腐蚀的主要因素是两种不同金属之间的电位差，在通常情况下，电位差越大，电偶腐蚀的速度就越快。电偶腐蚀主要发生在两种金属的接触区域，

距离该区域越远，腐蚀发生的可能性越小。电偶系统电势的基本方程为

$$E_c - E_a = I((R_e + R_m)) \tag{5.3}$$

式中：E_c 为阴极电位；E_a 为阳极电位；I 为电流；R_m 为电极电阻（外部电路）；R_e 为电解质溶液路径中的电极电阻（内部电路）。

可以从许多途径获得特定金属和合金的标准电极电位，然而特定环境中的电偶腐蚀速率，不应基于金属的标准电极电位来确定。上述标准电位，应确定为金属与特定浓度电解质在平衡状态下的电位。此外，电偶系统是动态的，并且其反应取决于许多其他因素，包括电解质浓度、温度、pH 值，以及氧含量和流体运动。然而，电偶的形成并不总是需要两种不同的金属。同一种金属的内部，也可以发生电偶腐蚀的情况。当金属具有主动和被动两种状态时，如一部分被氧化膜覆盖并因此而钝化，另一部分则暴露于大气之中，上述情况就可能发生。这种情况也会产生电位差，导致金属的未钝化区域发生电偶腐蚀。

2. 相对面积

电偶系统中金属成分相对面积的大小，也会影响腐蚀率和腐蚀程度。例如，与具有相同尺寸电极的系统相比，具有相对较大阴极（反应性较低的金属）和相对较小阳极（反应性较高的金属）的系统，电偶腐蚀更加严重。此外，与较小阴极的系统相比，具有相对较大阳极的系统，通常不会在阳极上表现出显著的电偶腐蚀。在通常情况下，阳极的腐蚀与阴极的相对面积成正比。也就是说，感应电流与阴阳极面积比是成正比的。反过来说也是正确的，即电流随着相对阴极面积的减小而成比例地减小。

3. 几何形状

部件的几何形状是影响电偶腐蚀电流的另一个因素，进而影响电偶腐蚀率。例如，规则的几何形状通常利于电流流动，进而加剧电偶腐蚀。

4. 电解质与环境

电偶腐蚀率与电解质和环境也有着密切关系。具体讲与以下因素相关：电解液浓度、氧含量、电解质运动，以及环境温度。例如，温度上升通常会导致电偶腐蚀率增加，而电解液浓度的提高则会降低腐蚀率。电解质溶液的 pH 值也可能对不同金属是否发生电偶腐蚀产生影响。例如，如果电解质变为酸性，则作为中性或碱性电解质中的阴极金属可以变成阳极。电解质中较高的氧含量，通常也会导致电偶腐蚀率增加。电解质运动也可以提高腐蚀率，因为它可以从阳极表面除去部分氧化金属，从而使金属进一步进行氧化。

5.2.2　材料选择

在大多数情况下，如果在装备系统设计期间对材料合理选择，可以有效避免

电偶腐蚀。通常情况下，装备设计和制造过程中，会根据需要选择多种类型的金属材料，但是材料种类的增多会引起电偶腐蚀问题。因此，材料选择过程中应充分考虑不同金属的电势差，降低电偶腐蚀作用。

1. 电位腐蚀系列

两种金属的电位差，可通过它们在电位腐蚀系列上的相对位置来定性确定，如表 5-2 所列。部分金属的出现次数不止一次，其原因可能是该金属在不同状态（如不同热处理时）电偶特性不同。当该金属表面与环境产生相互作用时，金属处于活性状态；当在表面上形成金属膜后，该金属处于惰性状态。通过表 5-2 测量电位腐蚀系列上两种金属之间距离的方式，有助于估计双金属系统的腐蚀可能性。简而言之，应尽量避免使用电位腐蚀系列上相距很远的金属。然而，在预测腐蚀程度或腐蚀率方面，该表则无法进行具体量化，其原因是在特定双金属系统中，腐蚀程度还与其他若干因素有关。在电位腐蚀系列图中位置较高的金属，反应性较低，因此可起到阴极的作用；而位置较低的金属，则反应性较高，因此可作为电偶电池中的阳极。例如，如果铜要与锡进行电耦合并浸入海水中，那么铜将是阳极，并且比锡更容易腐蚀，而锡将充当阴极。在海水以外的环境中，周围环境中耐腐蚀性最小的金属将充当阳极，比另一种更贵重的金属更容易受到腐蚀。

表 5-2 海水中的电位腐蚀系列

贵金属端（最不活跃）		
铂	硅青铜	铸铁
石墨	不锈钢，17-7PH（不活跃）	低碳钢
金	不锈钢，309 型（不活跃）	铝合金 5052-H16
钛	不锈钢，321 型（活跃）	铝合金 2024-T4
银	卡朋特 20（活跃）	铝合金 2014-0
AM350（不活跃）	不锈钢，201 型（活跃）	铟
钛 75A	蒙乃尔 400 合金	铝合金 6061-0
钛 13 钒-11 铬-3 铝（固溶处理和老化处理）	不锈钢，202 型（活跃）	铝合金 1160-H14
钛 8 锰	铜	铝合金 5052-H16
钛 6 铝-4 钒（退火）	红黄铜	铝合金 A360（压铸）
钛 6 铝-4 钒（固溶处理和老化处理）	钼	铝合金 6061-T6

续表

钛 13 钒-11 铬-3 铝（退火）	不锈钢，347L 型（活跃）	铝合金 3003-H25
钛 5 铝-2.5 锡	铝青铜	铝合金 1100-0
耐热镍基合金 3	海军黄铜	铝合金 5052-H32
哈氏合金 C	黄铜	铝合金 5456-0，H353
不锈钢，286 型（不活跃）	耐热镍基合金 2	铝合金 5052-H12
AM355（不活跃）	哈氏合金 B	铝合金 5052-0
卡朋特 20（不活跃）	76 镍-16 铬-7 铁合金	铝合金 218（压铸）
不锈钢，202 型（不活跃）	镍（活跃）	铀
AM355（不活跃）	海军黄铜	镉
不锈钢，316 型（不活跃）	锰青铜	铝合金 7079-T6
不锈钢，286 型（活跃）	蒙茨金属	铝合金 1160-H14
不锈钢，201 型（不活跃）	钨	铝合金 2014-T3
不锈钢，321 型（不活跃）	不锈钢，17-7PH（活跃）	包铝
不锈钢，301 型（不活跃）	不锈钢，430 型（不活跃）	铝合金 6053
不锈钢，304 型（不活跃）	不锈钢，301 型（活跃）	镀锌钢钹（热压）
不锈钢，410 型（不活跃）	不锈钢，310 型（活跃）	锌
7 镍-33 铜合金	AM350（不活跃）	镁合金
75 镍-16 铬-7 铁合金（不活跃）	钽	镁
镍（不活跃）	锡	阳极端（最活跃）
银焊料	铅	
M-青铜	不锈钢，316 型（活跃）	
G-青铜	不锈钢，304 型（活跃）	
70-30 铜镍	不锈钢，410 型（活跃）	

2. 其他材料选择图表

电偶腐蚀相关的图表和表格较多,可以在装备设计制造过程中发挥重要作用,并消除发生电偶腐蚀的可能性。表 5-3 列出了与其他特定金属和合金在海水中相对于电偶腐蚀特定金属和合金的相容性。该表可显示某种金属或合金的组合是否相容、不相容或不确定。注意,表 5-3 中所列不锈钢均处于相同状态(活性或惰性)。表 5-4 列出了海水以外的环境(如海洋和工业环境)中的电耦腐蚀相关金属和合金的相容性。

表 5-3 海水中金属和合金的电偶腐蚀相容性

金属A \ 金属B		镁合金	锌合金	铝合金	镉	低碳钢,熟铁	铸铁	低合金高强度钢	黄铜,锰铜	铜,硅青铜	铅锡焊料	锡青铜	90/10铜镍合金	70/30铜镍合金	镍铝青铜合金	银铜合金	302、304、321和347不锈钢	400合金,K500	316和317不锈钢	20合金,825合金	钛合金,C276、625合金	石墨,石墨铸铁
镁合金	S		●	●	●	●	●	●	●	●	●	●	●	●	●	●	●	●	●	●	●	●
	E		●	●	●	●	●	●	●	●	●	●	●	●	●	●	●	●	●	●	●	●
	L		●	●	×	●	●	●	●	●	●	●	●	●	●	●	●	●	●	●	●	●
锌合金	S	●		●	●	●	●	●	●	●	●	●	●	●	●	●	●	●	●	●	●	●
	E	●		×	●	●	●	●	●	●	●	●	●	●	●	●	●	●	●	●	●	●
	L	●		●	○	○	○	○	○													
铝合金	S	●	●		●	●	●	●	●	●	●	●	●	●	●	●	●	●	●	●	●	●
	E	●	×		●	●	●	●	●	●	●	●	●	●	●	●	●	●	●	●	●	●
	L	●	●		×	×	×	×	×					×			×		×		×	
镉	S	×	●	×		●	●	●	●	●	●	●	●	●	●	●	●	●	●	●	●	●
	E	●	●	●		●	●	●	●	●	●	●	●	●	●	●	●	●	●	●	●	●
	L	●	●	●		○	○	○														
低碳钢,熟铁	S	●	○	×	○		●	●	●	●	●	●	●	●	●	●	●	●	●	●	●	●
	E	●	●	●	●		●	●	●	●	●	●	●	●	●	●	●	●	●	●	●	●
	L	●	●	●	●		○	○	○	○	○	○	○	○	○	○	○	○	○	○	○	○
铸铁	S	●	○	×	○	●		●	●	●	●	●	●	●	●	●	●	●	●	●	●	●
	E	●	●	●	●	●		×	●	●	●	●	●	●	●	●	●	●	●	●	●	●
	L	●	●	●	●	○		●	×	×		×		×		×		×		×		×
低合金高强度钢	S	●	○	×	○	●	●		●	●	●	●	●	●	●	●	●	●	●	●	●	●
	E	●	●	●	●	●	×		×	●	●	●	●	●	●	●	●	●	●	●	●	●
	L	●	●	●	●	○	●		○	○	○											
黄铜,锰铜	S	●	●	●	●	●	●	●		●	●	●	●	●	●	●	●	●	●	●	●	●
	E	●	●	●	●	●	●	×		●	×	×	×	×	×	×	×	×	×	×	×	×
	L	●	●	●	●	●	×	○		×	×	×	×	×	×	×	×	×	×	×	×	×
铜,硅青铜	S	●	●	●	●	●	●	●	●		●	●	●	●	●	●	●	●	●	●	●	●
	E	●	●	●	●	●	●	●	●		×	×	×	×	×	×	×	×	×	×	×	×
	L	●	●	●	●	●	×	●	×		×	×	×	×	×	×	×	×	×	×	×	×
铅锡焊料	S	●	●	●	●	●	●	●	●	●		●	●	●	●	●	●	●	●	●	●	●
	E	●	●	●	●	●	●	●	●	●		×	×	×	×	×	×	×	×	×	×	×
	L	●	●	●	●	○	×	●	×	×		×	×	×	×	×	×	×	×	×	×	×
锡青铜	S	●	●	●	●	●	●	●	●	●	●		●	●	●	●	●	●	●	●	●	●
	E	●	●	●	●	●	●	●	●	●	●		×	×	×	×	×	×	×	×	×	×
	L	●	●	●	●	○	×	●	×	×	×		×	×	×	×	×	×	×	×	×	×
90/10铜镍合金	S	●	●	●	●	●	●	●	●	●	●	●		●	●	●	●	●	●	●	●	●
	E	●	●	●	●	●	●	●	●	●	●	●		×	×	×	×	×	×	×	×	×
	L	●	●	●	●	○	×	●	×	×	×	○		○	×		×	×	×	×	×	×
70/30铜镍合金	S	●	●	●	●	●	●	●	●	●	●	●	●		●	●	●	●	●	●	●	●
	E	●	●	●	●	●	●	●	●	●	●	●	●		×	×	×	×	×	×	×	×
	L	●	●	●	●	○	×	●	×	×	×	○	○		×		×	×	×	×	×	×
镍铝青铜合金	S	●	●	●	●	●	●	●	●	●	●	●	●	●		●	●	●	●	●	●	●
	E	●	●	●	●	●	●	●	●	●	●	●	●	●		×	×	×	×	×	×	×
	L	●	●	●	●	○	×	●	×	×	×	○	○	○			×	×	×	×	×	×
银铜合金	S	●	●	●	●	●	●	●	●	●	●	●	●	●	●		●	●	●	●	●	●
	E	●	●	●	●	●	●	●	●	●	●	●	●	●	●		×	×	×	×	×
	L	●	●	●	●	○	×	●	×	×	×	○	×	○	○		×	×	×	×	×	×
302、304、321和347不锈钢	S	●	●	×	●	○	×	●	×	×	×	×	×	×	×	×		●	●	●	●	●
	E	●	●	●	●	●	●	●	●	●	●	●	●	●	●	●		●	●	●	●	●
	L	●	●	●	●	○	×	●	×	×	×	○	×	○	○	×		●	●	●	●	●

续表

金属A \ 金属B		镁合金	锌合金	铝合金	镉	低碳钢,熟铁	铸铁	低合金高强度钢	黄铜,锰铜	铜,硅铜	铅锡焊料	锡青铜	90/10铜镍合金	70/30铜镍合金	镍铝青铜合金	银铜合金	302,304,321和347不锈钢	400合金,K500	316和317不锈钢	20合金,825合金	钛合金,C276,625合金	石墨,石墨铸铁
400合金,K500	S	•	•	•		○	○	○	○	•	○	○	×	×	×	×	×	■	×	×	×	•
	E	•	•	•		○	×	○		×	○	×	×	×	×	×	×	■	×	×	×	•
	L	•	•	•		○	○	○		•	○	○	×	×	×	×	×	■	×	×	×	•
316和317不锈钢	S	•	•	×	○	○	×	○		○	○	○	•	•	•	•	•	×	■	×	×	•
	E	•	•	×		○	×	○		○	○	○	•	•	•	•	•	×	■	×	×	•
	L	•	•	×		○	×	○		○	○	○	•	•	•	•	•	×	■	×	×	•
20合金,825合金	S	•	•	×		○	○	○	○	○	○	○	•	•	•	•	•	×	×	■	×	•
	E	•	•	×		×	×	×		×	×	×	○	○	○	○	○	×	×	■	×	•
	L	•	•	×		×	×	×		×	×	×	○	○	○	○	○	×	×	■	×	•
钛合金,C276,625合金	S	•	•	×	○	•	•	•	○	○	•	○	•	•	•	•	•	×	×	×	■	•
	E	•	•	×		×	×	×		×	×	×	×	×	×	×	×	×	×	×	■	•
	L	•	•	×		×	×	×		×	×	×	×	×	×	×	×	×	×	×	■	•
石墨,石墨铸铁	S	•	•	•		•	•	•	•	•	•	•	•	•	•	•	•	•	•	•	•	■
	E	•	•	•		•	•	•		•	•	•	•	•	•	•	•	•	•	•	×	■
	L	•	•	•		•	•	•		•	•	•	•	•	•	•	•	•	•	•	×	■

注：S - 金属 A 比金属 B 的面积小；

　　E - 金属 A 与金属 B 的面积相等；

　　L - 金属 A 比金属 B 的面积大；

- • 不相容 – 预计电偶腐蚀加快；
- × 不确定 – 电偶腐蚀的方向和/或大小可变；
- ○ 相容 – 预计不会发生电偶腐蚀。

表5-4　海洋和工业环境中金属和合金的电偶腐蚀相容性

金属A \ 金属B		镁合金	锌,锌涂层	镉,铍	铝,镀镁铝,镀锌铝	镀铜铝	碳钢,低合金钢	铅	锡,铅,铟	马氏体钢,铁素体钢	铬,钼,钨	超高强度耐热析出硬化钢	铅青铜	高铜青铜合金	高镍蒙乃尔合金	镍,钴	钛	银	钯,铑,黄金,白金
镁合金	M	■	○	•	•	•	•	•	•	•	•	•	•	•	•	•	•	•	•
	I	■	○	•	•	•	•	•	•	•	•	•	•	•	•	•	•	•	•
锌,锌涂层	M		■	○	○	•	•	•	•	•	•	•	•	•	•	•	•	•	•
	I		■	○	○	•	•	•	•	•	•	•	•	•	•	•	•	•	•
镉,铍	M			■	○	○	○	○	•	•	•	•	•	•	•	•	•	•	•
	I			■	○	○	○	○	•	•	•	•	•	•	•	•	•	•	•
铝,镀镁铝,镀锌铝	M				■	○	○	○	○	•	•	•	•	•	•	•	•	•	•
	I				■	○	○	○	○	•	•	•	•	•	•	•	•	•	•
镀铜铝	M					■	○	○	○	○	•	•	•	•	•	•	•	•	•
	I					■	○	○	○	○	•	•	•	•	•	•	•	•	•
碳钢,低合金钢	M						■	○	○	○	○	○	•	•	•	•	•	•	•
	I						■	○	○	○	○	○	•	•	•	•	•	•	•
铅	M							■	○	○	○	○	○	○	○	○	○	○	○
	I							■	○	○	○	○	○	○	○	○	○	○	○

续表

金属A \ 金属B		锌，锌涂层	铝，镀镁铝，镉，镀锌铍，镀铜铝	碳钢，低合金钢	铅	锡，铅铟	马氏体钢，铁素体钢	铬，钼，钨	超高强度耐热析出硬化钢	铅青铜	低铜合金	高铜合金	高镍蒙乃尔合金	镍，钴	钛	银	钯，铑，黄金，白金
锡，铅，铟	M					■	•	○	○	○	○	○	○	○	○	•	•
	I					■	○	○	○	○	○	○	○	○	○	•	•
马氏体钢，铁素体钢	M						■	•	•	○	○	○	○	○	○	•	•
	I						■	○	○	○	○	○	○	○	○	○	•
铬，钼，钨	M							■	•	○	○	○	○	○	○	○	•
	I							■	○	○	○	○	○	○	○	○	○
超高强度耐热析出硬化钢	M								■	•	•	○	○	○	○	•	•
	I								■	○	○	○	○	○	○	○	○
铅青铜	M									■	○	○	○	○	○	○	○
	I									■	○	○	○	○	○	○	○
低铜合金	M										■	○	○	○	○	○	○
	I										■	○	○	○	○	○	○
高铜合金	M											■	○	○	○	○	○
	I											■	○	○	○	○	○
高镍蒙乃尔合金	M												■	○	○	○	○
	I												■	○	○	○	○
镍，钴	M													■	○	○	○
	I													■	○	○	○
钛	M														■	○	○
	I														■	○	○
银	M															■	○
	I															■	○
钯，铑，黄金，白金	M																■
	I																■

注：表中加入金属的面积相等。

M – 海洋环境；

I – 工业环境；

• 不相容 – 预计电偶腐蚀加快，或不确定；

○ 相容 – 预计不会发生电偶腐蚀。

5.2.3 电偶腐蚀管理

如果遵循了适当的设计、材料选择、实施和维护步骤，在装备使用过程中避免产生电偶腐蚀是完全有可能的。美军军用标准 MIL – STD – 889（有效）是规范各种金属使用的国防部标准。该标准的目的是对不同金属进行定义和分类，并在所有军事装备零件、部件和组件中，建立对不同耦合金属的保护要求。为了进一步正确避免产生电偶腐蚀，表 5 – 5 列出了一些减小电偶腐蚀的指南，以尽量减少该类腐蚀。其中部分内容将在后续章节中进行详细介绍。

表 5–5　尽量减小电偶腐蚀的指南

序号	方法
1	在可行的情况下，使用一种材料来制造电气隔离系统或组件
2	如果需要使用混合金属系统，务必在电位腐蚀系列中选择尽可能靠近的金属，或选择电偶互相兼容的金属
3	避免出现小阳极和大阴极的不利区域效应，如紧固件之类的小部件或关键部件，应该是更贵重的金属
4	在实际应用中，需要对不同的金属进行绝缘（如使用垫圈），如果可能的话，完全绝缘是很重要的
5	小心涂抹涂层，在修理期间，保持涂层完好，特别是阳极构件上的涂层
6	如果可能，添加抑制剂，以降低环境的侵蚀性
7	避免对电位腐蚀系列中相隔很远的材料使用螺纹接头
8	在设计中，应采用易于更换的阳极部件，或增大其厚度，以延长使用寿命
9	安装第三种金属，这种金属要求在电偶接触中对两种金属都是阳极

1. 面积效应

充分考虑电偶金属系统相对面积，可以减小电偶腐蚀程度。在双金属系统中，阴极金属的尺寸不应明显大于阳极金属的尺寸，其原因是这会导致阳极构件的更大程度腐蚀。相反，阳极金属应具有与阴极金属相等或更大的面积。例如，更贵重的金属应该用于铆钉、螺栓和其他紧固件中，以使阳极部件的面积远大于阴极部件的面积。

2. 阴极保护

为了保护更重要的金属成分，可以有意地引发电偶腐蚀。在上述保护方法中，需要使用一种高活性的金属，该金属在电位腐蚀系列中的位置较低，在保护过程中将被牺牲腐蚀掉。上述对阳极金属的牺牲，可对更重要的阴极金属进行保护，使其免受腐蚀。镁和锌通常用作牺牲性阳极金属。牺牲性阳极在使用中通常需要更换，因为它们会因为完成预期电偶腐蚀而消耗。

3. 对不同的金属进行绝缘

电阻、非金属材料可用于对两种不同的金属进行绝缘。这实际上阻断了电路连接，或者至少是增加了电阻率，从而降低电偶腐蚀的可能性（尽管不能完全消除）。

4. 涂层

金属涂层通常用于保护双金属系统免受电偶腐蚀。涂层通常作为腐蚀屏障或易被腐蚀层，进而保护金属材料，避免重要的金属部件被腐蚀。例如，锌通常用作钢的涂层，其原因是锌的耐腐蚀能力较差，会首先发生腐蚀，以实现对钢的保护。因此，锌涂层可起到牺牲性阳极的作用。贵金属涂层通常用作阻隔涂层，其原因是它们相对不活跃。该类涂层可以将重要的金属与周围环境隔离开来；但是，如果该类阻隔涂层中存在孔隙、缺陷或损坏区域，仍将发生电偶腐蚀现象。另外，涂层系统中这些不连续处下的区域，可能发生严重局部腐蚀。此外，如果电偶系统中阳极金属涂有阻隔涂层，而阴极构件没有涂层，则会出现阳极面积减小的情况，从而产生严重的负面影响。如果阳极涂覆而阴极不涂覆，则前一个阴极可能变成前一阳极的阳极。

5. 缝隙

应避免使用电位腐蚀系列中相距很远的不同金属来作为螺纹接头。建议使用焊接或钎焊的方式来密封缝隙，以防止电偶腐蚀。

5.3 缝隙腐蚀

由于部件/系统设计的原因，如果水或其他液体滞留在局部区域，则可能导致缝隙腐蚀。上述设计原因主要包括锐角、紧固件、接头和垫圈。表面积聚的碎屑下也会发生缝隙腐蚀，有时也称为"泥敷腐蚀"。由于缝隙区域的酸度在不断增加，因此缝隙腐蚀可能非常严重。

5.3.1 缝隙腐蚀机理

与周围环境相比，缝隙区域的低氧含量会造成阳极的不平衡，从而产生具有高度腐蚀性的微环境，如图5-5所示。在飞机搭接件中，缝隙腐蚀需要高度重视。在严重的情况下，在搭接件积聚的腐蚀物会导致两种金属分离，称为枕垫效应。

材料的缝隙、深度和表面比，都会对缝隙腐蚀的程度造成影响。研究情况显示，更紧密的缝隙会增加不锈钢在氯化物环境中的缝隙腐蚀率。其原因是更少的电解质容易出现酸化，从而加快腐蚀。较大的金属表面积，通常也会增加缝隙腐蚀的速度。

5.3.2 材料选择

通常情况下，惰性材料更容易受到缝隙腐蚀的影响。包括铝合金，特别是不锈钢。钛合金通常具有良好的抗缝隙腐蚀性能。但是，钛合金可能在高温、含氯

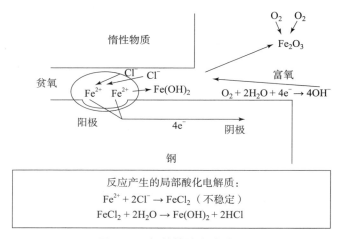

图 5-5 钢的缝隙腐蚀过程

化物的酸性环境中变得更加敏感。在海水环境中,铜合金可能在缝隙外部发生缝隙腐蚀。

5.3.3 缝隙腐蚀管理

设计新的部件和系统时,应尽量减少可能发生缝隙腐蚀的区域。焊接接头的优先级要高于紧固接头。在缝隙无法避免的情况下,应选择在预期环境中使用具有较强耐缝隙腐蚀性能的金属。避免在紧固系统和垫圈中使用亲水材料。缝隙区域应进行密封,以防止水进入。此外,应实施定期清洁计划,以清除积聚的碎屑。减轻缝隙腐蚀的数种方法如图 5-6 所示。

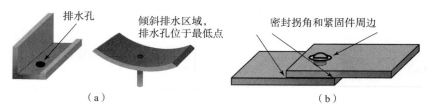

图 5-6 减轻缝隙腐蚀的方法
(a)防止腐蚀性碎片堆积;(b)防止液体进入

5.4 点腐蚀

点腐蚀简称点蚀,是一种非常局部化的腐蚀形式,一般在腐蚀性介质在特定点上对金属进行腐蚀时发生，形成小孔或凹坑。在保护涂层或氧化膜由于机械损坏或化学降解而发生穿孔时，通常也会发生点腐蚀。点腐蚀是最危险的腐蚀形式之一，难以进行预测和预防，检测相对困难，发生速度也非常快，并且在穿透金属的同时会造成大量损失。因此，受点腐蚀影响所产生的金属失效，可能会非常突然地发生。点腐蚀还产生其他副作用，例如，由于局部应力增加，可能在凹坑边缘处出现裂缝。此外，凹坑可以在表面下产生聚集，从而显著降低材料的强度。图 5 – 7 显示了布置在海洋附近铝栏杆的点腐蚀结果。

图 5 – 7　海洋附近铝栏杆的点腐蚀情况

5.4.1　点腐蚀机理

点腐蚀通常首先发生在钝化层出现断裂的钝化金属特定区域中，自身充当阳极区域，而其余金属则充当阴极区域。由于阳极和阴极之间存在电位差，将出现非常小的局部腐蚀，并且由于周围区域被钝化，腐蚀仍然继续局部化，并导致在金属中形成凹坑。此外，由于阳极区域明显小于阴极区域，因此腐蚀将以很快的速度继续进行。点腐蚀的另一个危险是，凹坑中的腐蚀可通过自催化的过程进行自主维持。在上述过程中，凹坑底部附近的金属会产生溶解，自主形成凹坑的生长。据统计，在凹坑底部附近环境的酸性很强，从而进一步加剧金属的溶解。在溶解反应中，金属-金属键相关的电子被驱散，并且金属离子从大块材料中脱离，该反应与邻近凹坑的表面附近的阴极反应一起，对金属腐蚀产生作用。通过从水分子和双原子氧中生成氢氧根离子的方式，阴极反应可提供过量的电子以加速还原反应。为了保持中性，来自电解质的阴离子（负离子）迁移到具有过量正电荷的凹坑中，并与金属离子进行结合。随后，该物质在水中离解，生成金属氢氧化物和酸，这将导致凹坑底部附近的 pH 值降低。这意味着，存在着过量的带正电的氢离子和阴离子，其促进凹坑底部附近的金属的进一步溶解。上述反应如下：

$$M \rightarrow M^{n+} + ne^- \tag{5.4}$$

$$O_2 + 2H_2O + 4e^- \rightarrow 4OH^- \tag{5.5}$$

$$M^+ I^- + H_2O \rightarrow MOH + H^+ I^- \tag{5.6}$$

式中：M 为金属；M^+ 为金属离子；e^- 为电子；I^- 为负离子（Cl^-）。

点腐蚀也很难进行测量和预测，因为在通常情况下，金属表面总是存在着许多不同深度和直径的凹坑，这些凹坑都是在特定条件下形成的，其特点难以具有一致性。由于腐蚀侵蚀形成的孔，其深度往往大于直径。这些凹坑通常在金属顶面上形成，并在与重力相同的方向上加深。因此，它们通常不是形成在与重力方向平行的表面平面上，而是形成在垂直于重力的表面平面上。而且，凹坑方向不会与重力方向出现过大的偏差。基本上，它们不会在金属的底部表面形成，并且不会出现远离重力方向的情况。孔的形成是一个渐进且相当长的过程，但是一旦形成，凹坑的生长速率就会显著增加。点腐蚀通常发生在静态或低速流体系统中，随着流体速度的增加，点腐蚀也会减少。点腐蚀通常难以测量，其原因是金属在腐蚀过程中仅会损失非常小的重量。此外，腐蚀产物还会对凹坑进行填充。

5.4.2 材料选择

在金属和合金中，不锈钢往往是最容易发生点腐蚀的。例如，不锈钢往往应用在海水深坑中，并且经常使用在氯或溴溶液浓度较高的环境中。与蚀刻或研磨表面相比，对不锈钢表面进行抛光，可以增加耐点腐蚀能力。合金化会对不锈钢的耐点蚀能力产生重大影响。合金元素对不锈钢合金耐点腐蚀能力的影响如表 5-6 所示。

表 5-6　合金元素对不锈钢合金耐点腐蚀能力的影响

元素	对耐点腐蚀能力的影响
铬	增加
镍	增加
钼	增加
硅	降低，当存在钼时会增加
钛和铌	降低 $FeCl_3$ 的耐腐蚀性，对其他介质没有影响
硫和硒	降低
碳	降低，特别是在敏感条件下
氮	增加

相对于不锈钢，传统钢材具有更强的耐点腐蚀能力，但仍然容易受到影响，特别是在无保护的情况下更是如此。在受污染或污染的水中，含有氯化物和铝铜环境中的铝通常容易受到点腐蚀。钛具有很强的耐点腐蚀能力。部分金属的相对耐点腐蚀能力，如图 5-8 所示。

点腐蚀耐受能力增加
↑
钛
哈氏合金 C 或耐热镍基合金 3
哈氏合金 F，蒙乃尔合金，杜里米特奥氏体不锈钢
316 不锈钢
304 不锈钢

图 5-8　部分金属的相对耐点腐蚀能力

5.4.3　点腐蚀管理

在预防点腐蚀方面，正确选择装备所需材料是前提。但是，通常需要现场测试，才能最终确定所选材料是否适合于相应环境。防止点腐蚀的另一种方法是，减轻侵蚀性环境和环境成分（如氯离子，低 pH 值等）的影响。有时，抑制剂可能完全阻止点腐蚀。在装备设计时也可以选择多种措施预防点腐蚀，如阴极保护措施。

5.5　晶间腐蚀

晶间腐蚀，是一种沿着晶界对金属内部进行侵蚀的腐蚀形式，与倾向于沉积

在晶界处的杂质和/或在晶界处所沉淀的相差有关。

5.5.1 晶间腐蚀机理

对某些金属的加热，可引起晶界"敏化"或不均匀程度的增加。因此，一些热处理和焊接可能导致发生晶间腐蚀。如果在足够高的温度环境中所进行的操作引起了内部晶体结构变化，则易感材料也可能变得敏感起来，加剧晶间腐蚀程度。

5.5.2 材料选择

许多合金都会发生晶间腐蚀。晶间腐蚀最容易发生在不锈钢和一些铝和镍合金中。我们已经发现，不锈钢，尤其是铁素体不锈钢，在焊接后更易发生晶间腐蚀。焊接导致热影响区（Heat Affected Zone，HAZ）晶界处析出碳化铬相，这将造成不锈钢热影响区内的晶间腐蚀。由于晶界处的沉淀物更活跃，铝合金也容易发生晶间腐蚀。属于此类腐蚀的合金还包括5083、7030、2024和7075铝合金。剥离腐蚀被认为是一种晶间腐蚀，只发生在机械加工过程中，该加工的目的是在单一方向上产生具有细长晶粒的材料。这种腐蚀形式在某些铝合金中也出现过。通过在晶界处沉淀金属间相，高镍合金也容易受到晶间腐蚀的影响。然而，镍合金中的晶间腐蚀过程比不锈钢或铝合金更为复杂。

5.5.3 晶间腐蚀管理

晶间腐蚀管理的方法包括：将杂质水平降至最低；正确选择热处理方式，以减少晶界析出；特别是对于不锈钢而言，可降低其碳含量，并添加稳定元素（钛、铌、钽），以优先形成比碳化铬更稳定的碳化物。

5.6 脱合金腐蚀

脱合金也称为选择性浸出，是一种较为少见的腐蚀形式。其中，一种元素被靶向从金属合金中去除，同时金属结构发生了改变。最常见的选择性浸出形式是脱锌，从黄铜合金或含有大量锌含量的其他合金中将锌提取出来。所留下的结构在尺寸上很少甚至没有变化，但其母体材料已被削弱，多孔且易碎。脱合金是一种危险的腐蚀形式，因为它将强韧的韧性金属还原成脆弱、易碎且易于失效的金属。由于金属尺寸几乎没有变化，因此通常无法检测到脱合金，从而可能突然发生故障。而且，多孔结构对液体和气体深入金属内部的渗透是开放的，这会导致金属的进一步降解。选择性浸出通常发生在酸性环境中。

5.6.1 脱合金腐蚀机理

下面以脱合金腐蚀中典型的脱锌来说明其机理。脱锌基本上有两种形式：均匀的和局部的。当锌从黄铜表面的较宽区域浸出时，发生的是均匀脱锌；而局部形式（也称为塞状脱锌）则是深深地渗透到黄铜中。在局部形式中，周围区域金属不会因脱锌而发生显著腐蚀。

现在广泛接受的脱锌机理是：黄铜产生溶解，锌保持悬浮在腐蚀性溶液中，同时再将铜镀回到黄铜上。虽然脱锌可以在无氧环境中进行，但是脱锌确实加快了腐蚀率。锌含量大于15%的铜锌合金易于发生脱锌。具有高锌含量黄铜的脱锌腐蚀的情况如图5-9所示。

图5-9 具有高锌含量黄铜的脱锌腐蚀情况

5.6.2 材料选择

黄铜由于具有相对较高的锌含量，容易发生脱合金腐蚀，是最常见的脱锌合金。除此之外，其他金属和合金也容易受到脱合金腐蚀的影响，如表5-7所列。

表5-7 脱合金化和优先移除元素的合金和环境的组合

合金	环境	脱出元素
黄铜	许多水域，特别是滞留水域条件	锌（脱锌）
灰铸铁	土壤，许多水域	铁（石墨腐蚀）

续表

合金	环境	脱出元素
铝青铜	氢氟酸,含有氯离子的酸	铝(脱铝)
硅青铜	高温蒸汽和酸性物质	硅(脱硅)
锡青铜	热盐水或蒸汽	锡(脱锡)
铜镍	高热通量和低水流速(在炼油厂冷凝器管中)	镍(脱镍)
铜金(单晶)	氯化铁	铜
蒙乃尔铜-镍合金	氢氟酸和其他酸	某些酸中的铜,其他酸中的镍
含铜或银的金合金	人类唾液、硫化物溶液	银铜
高镍合金	熔盐	铬、铁、钼、钨
中碳钢和高碳钢	氧化气氛,高温氢气	碳(脱碳)
铁铬合金	高温氧化气氛	铬形成保护膜
镍钼合金	高温氧气	钼

5.6.3 脱合金腐蚀管理

通过去除氧气并避免产生滞留溶液/碎屑堆积的方式,可降低大气的侵蚀性,从而防止脱锌。阴极保护也可用于腐蚀预防。然而,在经济上最好的替代方案可能是使用更耐用的材料,如含锌量仅为15%的红黄铜。向黄铜中添加锡,也可以提高抗脱锌性。另外,可以少量地向金属中加入抑制元素,例如砷、锑和磷,以进一步改进金属的抗脱锌性。当金属需要暴露在严重脱锌环境的系统中,应避免使用含有大量锌的铜金属。

5.7 侵蚀腐蚀

侵蚀腐蚀,是由电解溶液在金属表面产生相对运动的相互作用引起的一种腐蚀形式。通常认为腐蚀形式包括分散在液体流中的小固体颗粒。流体运动形成磨损,在相同条件下将增加腐蚀率,而不是进行均匀(非运动)腐蚀。在管道、冷却系统、阀门、锅炉系统、螺旋桨、叶轮以及许多其他组件中,很容易发生侵蚀腐蚀。由于存在冲击和气穴等现象,会发生特殊类型的侵蚀腐蚀。冲击是指溶液方向上的变化,即在一个表面上施加了更大的力。气穴,是一种由于气泡反复撞击金属上的特定位置而导致表面损坏的现象。

5.7.1 侵蚀腐蚀机理

影响材料侵蚀腐蚀的因素较多，这些因素之间的相互作用复杂。其中一个因素是硬度。一般来说，较硬的材料可以更好地抵抗侵蚀腐蚀，但也有一些例外情况。其他因素还包括表面光滑度、流体速度、流体密度、冲击角度以及材料对环境的一般耐腐蚀性。式（5.7）使用其中部分因素对金属侵蚀率进行了预测：

$$\frac{侵蚀损失}{影响侵蚀的量} = CF(\phi)\frac{\rho v^2}{HV} \tag{5.7}$$

式中：C 为系统常数；ϕ 为冲击角度；ρ 为腐蚀剂密度；v 为侵蚀速度；HV 为金属硬度。

然而，这种预测仅可用于腐蚀本身，并不包括腐蚀的附加效应。腐蚀环境中的侵蚀将以更高的速率发生。

5.7.2 侵蚀腐蚀管理

一些设计技术可用于限制侵蚀腐蚀，如避免湍流；增加导流板，使流体撞击墙壁；增加保护板，保护焊接区域免受流体流动影响；将浓缩物添加剂的管道垂直放入容器中心；如图 5-10 所示。

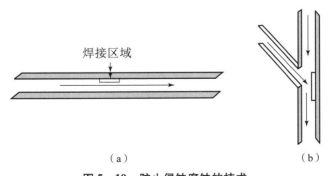

图 5-10　防止侵蚀腐蚀的技术
（a）保护焊接区域；（b）保护冲击区域

5.8　应力腐蚀开裂

应力腐蚀是一种环境引起的开裂现象，当金属同时受到拉伸应力和腐蚀环境影响时，就会发生上述现象。这种现象与诸如氢脆等类似现象有所区别，在氢脆现象中，金属是被氢脆化，从而导致产生裂缝。此外，应力腐蚀开裂本身并不是金属表面发生腐蚀时产生裂纹，进而形成裂纹核点的原因，而是一种腐蚀剂和适度静态应力的协同作用。尽管与腐蚀疲劳存在细微差别，但是应力腐蚀开裂与腐蚀疲劳是非常相似。二者之间的关键区别是，应力腐蚀开裂发生的是静态应力，而腐蚀疲劳则是动态或循环应力。

5.8.1 应力腐蚀开裂机理

应力腐蚀开裂（Stress Corrosion Cracking，SCC）是在材料内发生的过程，其中裂纹在材料内部结构中进行传播，通常对材料表面不会形成伤害。此外，应力腐蚀开裂具有晶间和穿晶两种主要形式。对于晶间形式，裂纹主要沿晶界发展；而在穿晶形式中，裂纹不是严格附着在晶界上，而是可以穿透晶粒。大多数裂纹倾向于沿垂直于施加应力方向的方向进行传播。除了施加的机械应力之外，残余的、热的或焊接应力以及适当的腐蚀剂，也可足以形成应力腐蚀开裂。现在已经发现，点腐蚀（特别是在缺口敏感金属中）是引起应力腐蚀开裂的一个原因。应力腐蚀开裂是一种危险的腐蚀形式，因为它很难检测到，并且可能发生在金属设计处理范围内的应力水平上。此外，应力腐蚀开裂的机理尚不清楚。有许多建议机理试图解释应力腐蚀开裂现象，但没有一个机理能够完全成功。图 5-11 所示为两种类型的应力腐蚀开裂的图片。

(a) (b)

图 5-11 应力腐蚀开裂的图片

(a) 晶间；(b) 穿晶

5.8.2 材料选择

应力腐蚀开裂取决于许多因素,具体包括温度、溶液、金属结构和成分。然而,并非所有环境对所有金属都同样有效;也就是说,特定金属对特定化学物质敏感,并且部分合金在一种环境中更容易受到应力腐蚀开裂的影响,而另一些金属则更加耐受。提高系统温度,通常可以加快应力腐蚀开裂的速率。环境中存在氯化物或氧气,也会显著影响应力腐蚀开裂的发生和腐蚀率。在某些环境中,应力腐蚀开裂是具有表面薄膜的合金的一个问题,因为薄膜可以保护合金免受其他形式的腐蚀,但不能阻止应力腐蚀开裂。表5-8列出了某些可能导致某些金属产生应力腐蚀开裂的特定环境。

表5-8 可能导致金属产生应力腐蚀的环境

材料	环境
铝合金	氯化钠-双氧水溶液 氯化钠溶液 海水 空气,水蒸气
铜合金	氨蒸气及其溶液 胺类 空气,水蒸气
金合金	三氯化铁溶液 乙酸-盐溶液
铬镍铁合金	烧碱溶液
铅	醋酸铅溶液
镁合金	氯化钠-铬酸钾溶液 农村和沿海大气环境 海水 蒸馏水
蒙乃尔合金	熔融烧碱 氢氟酸 氢氟硅酸
镍	熔融烧碱

续表

材料	环境
普通钢	氢氧化钠溶液 氢氧化钠 – 硅酸钠溶液 硝酸钙,硝酸铵和硝酸钠溶液 混合酸(硫酸 – 硝酸) 氰化氢溶液 酸性硫化氢溶液 海水 熔融钠 – 铅合金
不锈钢	酰氯溶液,如氯化镁和氯化钯 氯化钠 – 双氧水溶液 海水 硫化氢 氢氧化钠 – 硫化氢溶液 氯化物水的冷凝蒸汽
钛合金	红烟硝酸、海水、四氧化二氮、甲醇 – 氯化氢

5.8.3 应力腐蚀开裂管理

现有通过采取多种措施,可以将应力腐蚀开裂风险降到最低。主要包括:选择耐应力腐蚀开裂的材料;针对预期的腐蚀形式,采用适当的设计特征;腐蚀坑可能会产生裂纹起始点;最大限度地减少应力,包括热应力在内;改变环境(pH 值、氧含量);使用表面处理技术(喷丸处理激光处理),增加表面对应力腐蚀开裂的抵抗力;在保持完整的前提下,任何阻隔涂层都能阻止应力腐蚀开裂;减少末端晶粒的暴露(由于优先腐蚀和/或局部应力集中,端部晶粒可以充当裂缝的起始位置)。

5.9 其他腐蚀形式

并非所有类型的腐蚀都可以轻易归类为前面章节中描述的 8 种主要腐蚀形式之一。因此,下面对部分不太常见或更独特的腐蚀形式进行了描述。在某些情况下,这些腐蚀形式可被视为 8 种主要腐蚀形式中的一类。

5.9.1 腐蚀疲劳

腐蚀疲劳是由于腐蚀的影响,从而导致金属疲劳强度降低。腐蚀疲劳开裂与应力腐蚀开裂和氢致所产生裂纹的不同之处在于,所施加的应力是动态循环的而不是静态的。疲劳开裂通常以"海滩标记"或垂直于裂缝传播方向的条纹图案为特征,如图5-12所示。在腐蚀性环境中,裂纹萌生和传播所需的应力都可以更低。腐蚀疲劳的影响因素包括材料强度、断裂韧性和环境条件。有两种主要的材料属性可用于评估疲劳,即施加应力水平的失效循环次数或应力强度因子的每循环裂纹增长。

图5-12 疲劳开裂条纹图案特征

选择使用可增加断裂韧性的材料,涉及对材料强度的权衡。增加强度通常会降低断裂韧性,反之亦然。在保持强度的同时提高断裂韧性的一种方法是,降低金属的平均晶粒尺寸。此外,高度抛光的表面可以更好地抵抗裂纹引,如较低的温度。部分表面处理技术可产生残余压缩应力,从而增加材料的疲劳强度。上述技术包括喷丸强化激光冲击强化,以及最新的低塑性抛光。金属对环境条件的特殊敏感性始终是一个重要因素。疲劳数据的一种表示形式是应力-寿命曲线,该曲线表示了应力幅度与失效循环次数的关系,如图5-13所示。该曲线遵循了以下经验关系:

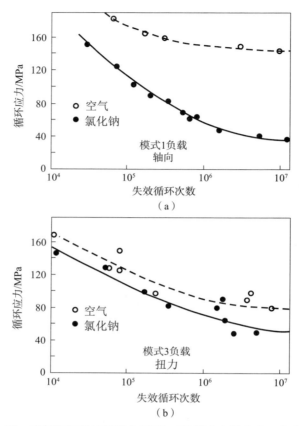

图 5-13 空气和氯化钠溶液中 7075-T6 铝合金的应力-寿命数据

$$\frac{\Delta\sigma}{2} = \sigma_f(2N_f)^b \tag{5.8}$$

式中：$\Delta\sigma$ 为应力变化；σ_f 为疲劳强度系数；N_f 为失效循环次数；b 为疲劳强度指数。

在完全反向、恒定应力幅度疲劳试验中，$\frac{\Delta\sigma}{2}$ 为应力幅值。

关于疲劳的信息，也可以裂纹发展图的形式获取。这种情况下的关系为

$$\begin{cases} \dfrac{da}{dN} = C(\Delta K)^m \\ K = \sigma\sqrt{\pi a} \end{cases} \tag{5.9}$$

式中：a 为半裂纹长度，N 为循环次数；K 为应力强度因子；σ 为应力幅值；C、m 为经验常数。

疲劳裂纹扩展行为有三种类型，如图 5-14 所示。图（a）主要存在于受裂纹萌生和裂纹扩展的腐蚀环境影响的材料中。图（b）主要存在于应力腐蚀开裂应力强度阈值以下的、没有环境影响的材料中，图（c）是图（a）和图（b）的组合。海水中的铝合金遵循图（a）的行为，如图 5-15 所示。

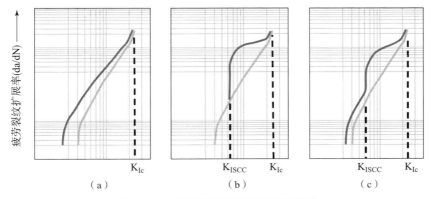

图 5-14　疲劳裂纹扩展率的三种类型
(a) A 型；(b) B 型；(c) C 型

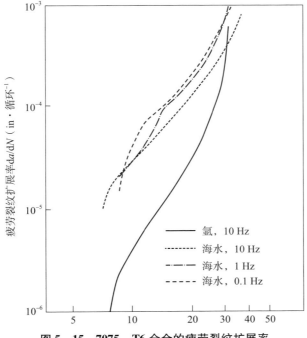

图 5-15　7075-T6 合金的疲劳裂纹扩展率

抑制腐蚀疲劳的方法包括：采用最小化组件应力的设计；选择可减少残余应力的热处理；使用可提高耐腐蚀疲劳性的表面处理，如喷丸处理或激光处理；使用阻隔涂层或防腐蚀化合物，以组织金属中的腐蚀性物质。

5.9.2 微动腐蚀

在两种金属材料产生接触，而且材料之间存在相对较小运动的情况下，有可能发生微动腐蚀，可以认为是磨损和腐蚀性环境的组合。该过程通常发生在未被设计成彼此相对运动的材料界面中。形成微动腐蚀的典型应用是电机轴和电触点。在电机轴的情况下，机械振动导致磨损，并且通常导致疲劳寿命下降，这种情况称为微动疲劳。对于减少微动疲劳失效，旋转轴正确对准是至关重要的。第二种微动腐蚀形式出现在电触点中，其中热膨胀和收缩的循环将导致接触材料的退化。电触点通常涂有耐微动腐蚀的贵金属。然而，循环运动会导致涂层的磨损和失效，使得基底金属容易发生微动腐蚀和其他形式的侵蚀。一旦基底金属暴露，就会形成高电阻氧化物，导致间歇性或开路的电路。由于微动腐蚀具有隐藏在材料界面中的性质，因此很难发现。减轻微动腐蚀的最佳方法是，了解其发生的典型材料组合和应用，以及对抗方法。导致形成微动腐蚀的因素包括接触条件、环境条件和材料特性。上述因素都会产生摩擦腐蚀或微动疲劳，如图 5-16 所示。

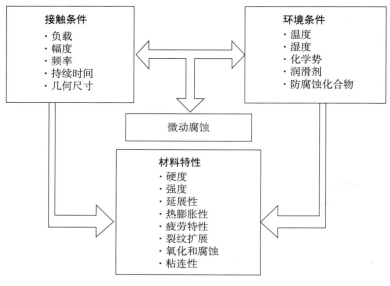

图 5-16　引起微动腐蚀的因素

表 5-9 列出了部分材料组合对微动的敏感性。

表 5-9　在干燥条件下各种材料组合的耐微动腐蚀能力

高耐受能力	中等耐受能力	低耐受能力
铅对钢	镉对钢	钢对钢
银板对钢	锌对钢	镍对钢
银板对铝板	铜合金对钢	铝对钢
带转化涂层的钢对钢	锌对铝	锑板对钢
	铜板对铝	锡对钢
	镍板对铝	铝对铝
	铁板对铝	铝对镀锌钢
	银板对铝	镀铝钢对铝

用于减少微动腐蚀的方法包括：使用软金属与硬金属触点进行接触；使用粗糙表面，以减少表面滑动；增加负载，以减少相对运动；综合使用低黏度流体与磷酸盐处理表面；增加接触金属的表面硬度；使用一种摩擦系数较低的金属；在电触点上使用防腐蚀化合物。

5.9.3　氢损伤

由于氢和残余或拉伸应力的综合因素，对金属材料存在许多不同形式的氢损伤。氢损伤可导致材料出现开裂、脆化、延展性丧失、起泡和剥落，以及微穿孔等现象。氢致裂纹（Hydrogen Induced Cracking，HIC）是指，在恒定应力和氢气存在的情况下，延性合金所产生的开裂。氢被吸收到高三轴应力区域，从而产生能够观察到的损伤。氢脆是指，在含氢气环境中，韧性合金塑性变形期间发生的脆性断裂。暴露于氢的金属，会发生拉伸延展性损失，从而导致伸长率显著降低和面积减小。该现象最常见于低强度合金，并可见于钢、不锈钢、铝合金、镍合金和钛合金。在高温条件下，高压氢气会对碳钢和低合金钢产生侵蚀。氢将扩散到金属中并与碳产生反应，从而形成甲烷。反过来又导致合金脱碳，并可形成裂纹。起泡主要发生在低强度金属中，是氢原子扩散到合金缺陷区域的结果。单原子在金属内的空隙中结合成气体分子。金属内氢气在高压条件下，可导致材料起泡或破裂。暴露于硫化氢、或在酸洗槽中进行清洗的低强度钢，可以观察到上述形式的侵蚀。上述形式的氢损伤类似于起泡，并且主要发生在加工过程中。在金属熔化温度下，氢更易溶解，从而进入金属的缺陷区域。当金属冷却时，氢气的溶解度降低，然后产生损伤特征。

在高压氢气和室温环境下的钢中，已经发现了微穿孔现象。氢气在钢合金中产生裂纹，使得气体和液体可以渗透到材料中。在氢气环境中，以及高温下的数种合金中，铁合金和钢中的蠕变速率会增加。在存在氢气的环境下，镁、钽、铌、钒、铀、锆、钛及其合金析出的金属氢化物相，会产生力学性能退化和开裂的现象。表 5-10 列出了各类氢侵蚀的易感金属。

表 5-10 金属对氢损伤的敏感性

氢致裂纹	氢脆	拉伸延展性丧失	高温氢蚀	起泡	粉碎裂缝、片状、鱼眼	微穿孔	流动特性退化	金属氢化物形成
钢镍合金 亚稳态 不锈钢 钛合金	碳钢和低合金钢	钢镍合金 铍铜青铜 铝合金	碳钢和低合金钢	钢铜铝	钢（锻件和铸件）	钢（压缩机）	铁钢镍合金	钒铌钽钛锆铀

防止产生氢损伤的管理方法包括：在加工过程中，限制引入金属的氢气；在操作环境中限制氢气；减少应力的结构设计（低于给定环境中亚临界裂纹扩展的阈值）；使用隔离涂层；使用低氢焊条。

5.9.4 高温腐蚀

高温腐蚀，是在气体环境中（而不是在液体中），在高温下对金属的侵蚀。最显著的高温腐蚀反应是氧化，但也可能发生硫化和渗碳。暴露于高温氧化环境的大多数金属将产生氧化层，该氧化层能够对金属形成保护，从而避免产生进一步腐蚀。但内部金属离子也容易扩散出氧化层而被氧化。在按照氧化速率抛物线产生水垢后，腐蚀率通常会降低。在不能形成保护性水垢的严重腐蚀性环境中，腐蚀率将增大。

金属的硫化和氧化非常相似

当含硫气体浓度足够高时，金属会发生硫化，从而在其表面形成硫化物层。硫化物较不稳定，生长速度比氧化物快得多。因此，硫化物更容易与金属发生反应，并更深地渗透到金属中。随着反应的继续发生，硫化物将被更稳定的氧化物所取代。在这样的环境中，应首先在金属上形成保护性的氧化层，以保护金属免受随后的硫化。

热腐蚀是描述燃气涡轮发动机部件在热气体通路中形成高温侵蚀的术语。这是一个硫化过程，可形成含有硫酸钠和/或硫酸钾的缩合盐。增加金属合金中的铬含量，可改善金属的耐腐蚀性，但也会导致强度降低。

渗碳是一种罕见的高温腐蚀形式，在该腐蚀形式中，碳原子可被吸收到金属表面。渗碳仅发生在氧分压很低的环境中。由于碳在奥氏体中具有高溶解度，因此，奥氏体不锈钢在这种条件下更容易受到影响。减少渗碳的合金化研究表明，硅、铌、钨、钛和稀土金属会增加金属的耐腐蚀性。能够导致腐蚀性增加的元素则包括铅、钼、硼、钴和锆。

尽管已经进行了高温腐蚀试验，特别是用于燃气轮机的超合金材料，但尚未确定定性关系。材料选择的耐腐蚀性，取决于材料从测试和现场经验的相对腐蚀速率。

能够减少高温腐蚀的管理方法包括：选择正确的金属；改变运行条件；采取正确的结构设计以限制腐蚀；高温隔离涂层（陶瓷）。

5.9.5 剥落

剥落腐蚀被认为是一种晶间腐蚀形式，这种腐蚀形式主要通过挤压或轧制的方式来导致机械变形，从而产生定向排列的细长晶粒。大多数情况下，腐蚀首先发生在外露的晶粒末端，如紧固件周围的飞机蒙皮，如图 5-17 所示。这种形式的腐蚀在部分铝合金中最为明显，如图 5-18 所示。在特定金属腐蚀的环境中，易受剥落腐蚀影响的金属可受到侵蚀。例如，现在已知，AA 2024-T4 铝材在城市类型环境中表现良好，但会在近海环境中发生严重腐蚀。

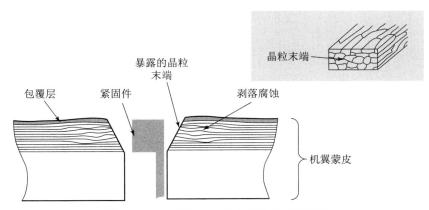

图 5-17 在晶粒末端首先发生的剥落腐蚀

与晶间腐蚀一样，合理选择合金和热处理以避免晶界沉淀，是防止剥落腐蚀的主要方法。减少内表面面积和使用阻隔涂层，将限制腐蚀开始。

图 5-18　近海环境中铝合金的剥离情况

5.9.6　微生物腐蚀

微生物腐蚀实际上不是一种腐蚀形式,而是一种可以影响甚至引发腐蚀的过程。它可以加速大多数形式的腐蚀,包括均匀腐蚀、点腐蚀、缝隙腐蚀、电偶腐蚀、晶间腐蚀、脱合金和应力腐蚀开裂。事实上,如果不熟悉微生物腐蚀,一些腐蚀问题可能被误认为是传统的氯化物引起的腐蚀。微生物腐蚀的一个突出指标是,比通常认为的腐蚀具有更高的腐蚀率。微生物腐蚀可以影响许多系统,并且几乎可以在任何存在水的环境中发生。不仅在水基系统中发生,同时也能够在燃油和润滑系统中发生。表 5-11 列出了具有微生物腐蚀问题的系统,图 5-19 为系统中发生微生物腐蚀的位置。

表 5-11　具有持久性微生物腐蚀问题的系统

应用/系统	问题产生的部件/区域	微生物
管道/储罐（水、废水、气体、油）	内部滞留区域埋地管道和储罐的外部，特别是在潮湿的黏土环境中	好氧和厌氧酸提供细菌 硫磺还原菌 铁/锰氧化细菌 硫氧化细菌
冷却系统	冷却塔 热交换器 储罐	好氧和厌氧细菌，金属氧化细菌 黏液形成细菌藻类 菌类

续表

应用/系统	问题产生的部件/区域	微生物
码头和其他水上建筑物	飞溅区 略低于低潮水位区域	硫酸盐还原菌
油箱	停滞区	菌类
动力舱	热交换器 冷凝器	好氧和厌氧细菌 硫酸盐还原菌 金属氧化细菌
自动喷水灭火系统	停滞区	厌氧菌硫酸盐还原菌

图 5-19 海军舰船压载舱内部

具有微生物腐蚀作用的微生物种类包括藻类、真菌和细菌。藻类在光的作用下产生氧气（光合作用），并在黑暗中消耗氧气。藻类存在于大多数水生环境中，从淡水到浓盐水等环境中均可以发现。现已发现，氧气的可用性是盐水环境中金属腐蚀的主要因素。在温度为 32～104 ℉、pH = 5.5～9.0 的环境中，藻类的生长非常旺盛。真菌由菌丝体结构组成，是一种单细胞或孢子的生长物。菌丝体是固定的，但可以长到宏观尺寸。真菌最常见于土壤中，尽管部分真菌能够生活在水环境中。真菌能够代谢有机物，从而产生有机酸。

一般根据细菌对氧的亲和力，对细菌进行分类。好氧细菌需要氧气来进行代谢，而厌氧细菌不需要氧气来进行代谢。兼性细菌可以在任一环境中进行生长，但是它们更喜欢有氧条件。微需氧细菌仅需要较低浓度的氧气即可。奇怪的是，经常可以发现有氧和厌氧细菌在同一地点共存。这是因为好氧细菌耗尽了周边环境的氧气，从而为厌氧细菌创造了理想的环境。按照形状分类的方式，细菌可进一步分为以下类别：球形（杆菌）、杆状（球菌）、弧装（弧菌）和丝状（myces）细菌。图 5-20 所示为使用透射电子显微镜观察杆状细菌的实例。

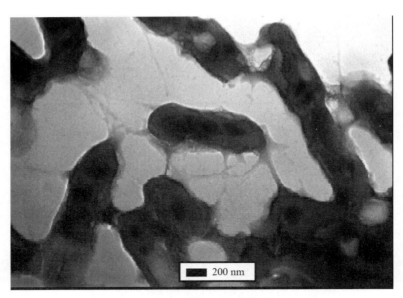

图 5-20　杆状假单胞菌细菌

浮游状态的微生物，是指在水环境或空气中自由漂浮的生物。它们可以抵抗恶劣的环境，包括酸、酒精和消毒剂、干燥、冷冻和煮沸的环境。部分孢子具有持续数百年的生存能力，并且一旦遇到有利条件就会发芽。固着状态微生物，是那些附着在表面并形成保护膜的微生物，一般将其统称为生物膜。微生物具有快速繁殖的能力，部分物种能够在短短 18 min 内完成数量翻倍。如果不进行处理，它们可以在停滞的水环境中进行快速定殖，并可能产生高活性的腐蚀细胞。

一旦微生物在材料表面上形成生物膜，就会形成与周边环境明显不同的微环境。微环境中 pH 值、溶解氧、有机和无机化合物的变化，都可导致电化学反应，从而增加腐蚀率。微生物也可以产生氢，从而促进金属氢损害。大多数微生物所形成的细胞外膜，能够保护生物免受有毒化学物质的影响，并允许营养物质继续抵达。由于生物膜具有保护自身和分解多种化合物的能力，因此对许多化学品都具有抗性。与浮游生物相比，生物膜对生物杀灭剂（用于杀死微生物的化学物质）的抵抗力明显更高。部分细菌甚至代谢腐蚀抑制剂，如脂肪胺和亚硝酸盐，具有降低抑制剂所具有的腐蚀控制能力。由于金属腐蚀引起的微生物代谢反应包括硫化物生产、酸生产、氨生产、金属沉积，以及金属氧化和还原。根据识别的形式，表 5-12 列出了上述类别中的部分特定微生物及其特征。

表 5-12　与微生物腐蚀有关的常见微生物

	属或种	pH 值	温度 /℉	是否需氧	受影响的金属	代谢过程
细菌	脱硫弧菌	4~8	50~105	厌氧	钢铁、不锈钢、铝、锌、铜合金	使用氢气将 SO_4^{2-} 还原为 S^{2-} 和 H_2S；促进硫化物膜的形成
	脱硫菌	6~8	50~105（部分为 115~165）	厌氧	钢铁、不锈钢	将 SO_4^{2-} 分解成 S^{2-} 和 H_2S
	脱硫单胞菌		50~105	厌氧	钢铁	将 SO_4^{2-} 分解成 S^{2-} 和 H_2S
	硫氧化酸硫杆菌	0.5~8	50~105	有氧	钢铁、铜合金、混凝土	氧化硫和硫化物形成 H_2SO_4；损坏保护涂层
	嗜酸硫杆菌 氧化亚铁硫杆菌	1~7	50~105	有氧	钢铁	氧化亚铁（Fe^{2+}）铁（Fe^{3+}）
	嘉利翁氏菌	7~10	70~105	有氧	钢铁、不锈钢	将亚铁离子和锰离子（Mn^{2+}）氧化成锰（Mn^{3+}）离子；促进结核形成
	鞘铁菌属			微需氧	铁和碳钢	氧化铁

续表

	属或种	pH 值	温度/℉	是否需氧	受影响的金属	代谢过程
细菌	纤丝菌属	6.5~9	50~95	有氧	钢铁	将亚铁氧化成铁离子和锰锰离子
	球孢菌属	7~10	70~105	有氧	钢铁、不锈钢	将亚铁离子和锰离子氧化成锰离子；促进结核形成
	球衣菌				铝合金	
	假单胞菌	4~9	70~105	有氧	钢铁、不锈钢	部分菌株可将 Fe^{3+} 还原为 Fe^{2+}
	假单胞菌铜绿假单胞菌	4~8	70~105	有氧	铝合金	
菌类	树脂枝孢霉	3~7	50~115（最佳为85~95）		铝合金	在进行某些燃料成分代谢时，产生有机酸

硫酸盐还原菌是厌氧微生物，现已发现，该微生物可引起各种系统和合金的许多微生物腐蚀问题。它们可以在有氧环境中存活一段时间，直到找到能够继续生存的环境。硫酸盐还原菌可将硫酸盐化学还原为硫化物，如遇黑色金属，可产生硫化氢（H_2S）或硫化铁（Fe_2S）等化合物。最常见的菌株存在于 25~35℃ 的温度范围内，尽管部分菌株在 60℃ 的温度下仍能正常生存。在液体介质中，可以通过是否黑色沉淀物或沉积表面，以及是否存在特征性的硫化氢气味的方式，对硫酸盐还原菌进行检测。硫化物氧化菌是需氧细菌，可将硫化物或硫元素氧化成硫酸盐。部分物种可将硫氧化成硫酸（H_2SO_4），导致具有强酸性（pH<1）的微环境。在许多应用中，高酸度与涂层材料的降解有关。硫化物氧化菌主要存在于矿床中，同时，在废水系统中也很常见。硫化物氧化菌通常与硫酸盐还原菌共生。现已发现，铁和锰氧化菌通常与微生物腐蚀问题有关，并且通常发生在钢的腐蚀坑上。现在已知，部分物种会积累由氧化过程产生的铁或锰化合物。生物膜中锰浓度较高的原因是铁合金的腐蚀，其中包括水处理系统中不锈钢的点腐蚀。现已发现由于氧化过程而形成铁结核，如图 5-21 所示。

黏液形成菌是需氧生物，在细胞外部可产生多糖"黏液"。黏液可控制营养物质向细胞进行渗透，并可破坏包括生物杀灭剂在内的各种物质。黏液形成菌，

图 5-21 微生物腐蚀产生的结核（由 Metallurgical Technologies, Inc. 提供）

一直是热交换器性能下降以及燃料管线和过滤器堵塞的主要原因。黏液可防止氧气到达下面的金属表面，从而形成适合厌氧生物生长的环境。部分厌氧生物也会产生有机酸。上述细菌一般存在于封闭系统中，包括输气管线和封闭水系统。部分真菌可产生有机酸，对铁和铝合金形成侵蚀。与黏液形成菌一样，它们可以创造适合厌氧物种生长的环境。现已发现，产酸真菌是造成飞机铝燃料箱腐蚀问题的原因之一。

5.9.6.1 金属合金的微生物腐蚀

由于微生物腐蚀是一种电化学腐蚀，在易受各种腐蚀形式影响的金属合金中，以及在有利于生物活动的环境中，更容易发生微生物腐蚀。低碳钢、不锈钢、铜合金、镍合金和钛合金。几乎所有常用金属材料都会产生由微生物引起的腐蚀。低碳钢、不锈钢、铝、铜和镍合金都会受到微生物腐蚀的影响，而钛合金在环境条件下则几乎不受微生物腐蚀的影响。

1. 低碳钢

在管道系统、储罐、冷却塔和水生结构中，已经广泛发现微生物腐蚀问题。由于成本低，低温钢在上述应用中被广泛使用，但它们是最容易发生腐蚀的金属之一。低碳钢通常涂有防腐蚀保护层，而阴极保护层也可用于特定应用。镀锌（镀锌）通常用于在大气环境中对钢进行保护。沥青煤焦油和沥青浸渍涂料通常用于地下埋设的管道和储罐外部，而聚合物涂料则用于大气和水环境。但是，在涂层表面的缺陷处，还是可能形成生物膜。此外，现已发现，产生酸的微生物溶会对锌和部分聚合物涂层产生溶解效应。还有很多情况，微生物可引起涂层与下方金属脱离。上述情况可在分层涂层下面，为微生物进一步生长创造理想环境。水质较差的水系统和具有积水/聚集碎屑的区域，容易发生微生物腐蚀问题。在某些极端情况下，如未经处理的水在低碳钢管道内滞留，将导致整个低洼区域形成均匀腐蚀。上述情况多发生于管道在一段时间内一直处于闲置状态的地下管道中。现已发现，许多发电厂管道故障的原因是，将未经处理的水引入到了系统中。在这种情况中，硫酸盐还原菌是罪魁祸首。在解决微生物腐蚀问题时，更耐腐蚀的材料并不总是解决问题的方法。例如，核电站从碳钢升级到不锈钢，将导致微生物腐蚀问题发生变化，这种变化在某些情况下甚至将导致更严重的后果。现已发现，硫酸盐还原菌与冷却塔中所发生的欠沉积腐蚀有关。在地下的微生物腐蚀问题中，含有黏土的潮湿土壤是一个重要因素。在这种条件下，由于生物膜的生长，地下管道和储罐的外部可能发生涂层分离和腐蚀。

2. 不锈钢

不锈钢与低碳钢在相同的情况中（主要是积水区域）都可能发生微生物腐蚀。不锈钢的微生物腐蚀，有两个值得注意的问题，一个是腐蚀率更高，主要是在低洼区域、接头和拐角位置发生点腐蚀或缝隙腐蚀。在制造之后和现场使用之前，不锈钢罐和管道系统有时需要进行水压测试。现已发现数个严重的微生物腐蚀案例。在上述案例中，首先使用井水进行水压测试，随后将产品储存一段时间；然后投入使用。罐和管道没有进行充分干燥，也没有使用可阻止生物膜生长的杀菌剂。在一个特殊案例下，用于淡水服务的 304 不锈钢管道在水压测试后 15 个月失效。不锈钢的第二个微生物腐蚀问题通常发生在焊接件附近。由于焊接区域的不均匀性，微生物很容易对焊缝周围的区域形成腐蚀。在一个案例中，在间歇性流动条件下使用 4 个月后，邻近焊缝的 0.2 in 直径的 316 L 不锈钢管中发生了穿孔现象。现已发现，含有 6% 或更多钼的不锈钢，几乎不会产生微生物腐蚀问题。

3. 铝合金

微生物腐蚀对铝合金产生影响的主要场景是燃料储罐和飞机燃料箱。微生物腐蚀问题主要存在于储罐的低洼区域和水－燃料的界面。燃料中的污染物，例如表面活性剂和水溶性盐，在很大程度上促成了生物膜在上述系统中的形成。真菌和细菌是腐蚀问题的罪魁祸首。树脂枝孢霉是一种真菌，是飞机燃料箱发生腐蚀的主要原因之一。它的存在将 pH 值降低到 3~4，从而造成对保护涂层和底层金属的侵蚀。铜铝合金燃料箱的微生物腐蚀问题，也可能是铜绿假单胞菌和念珠菌属物种引起的。此外，在基地级维修后和返回战场前，直升机内表面可发生严重的真菌生长。根据部队上报情况，H－53 直升机的乘员区域出现了真菌生长，因此需要在整修期间进行清洁。在直升机的所有内表面，几乎都可以发现真菌生长的情况。一般可使用100%异丙醇对直升机内表面进行清洁，使用生物灭杀剂进行处理，然后使用腐蚀预防化合物。上述程序能够除去大部分微生物，并能有效地灭杀孢子。但是，部分生物膜是仍然存在的，并能够在飞机重新投入使用之前进行迅速繁殖。

4. 铜合金

铜合金可用于对微生物腐蚀敏感的海水管道系统和热交换器。可能对铜合金产生腐蚀的微生物产物包括 CO_2、H_2S、NH_3、有机和无机酸以及硫化物。在铜合金中观察到的微生物腐蚀包括点腐蚀、脱合金和应力腐蚀开裂。在铜合金中已发现的微生物腐蚀包括点腐蚀、脱合金和应力腐蚀开裂。其他金属成分含量较高的铜合金，通常具有较低的耐腐蚀性。铜镍比例为70/30的合金，其微生物腐蚀问题的严重程度，要高于铜镍比例为90/10的合金。微生物腐蚀问题，还可能发生在海军黄铜（Cu – 30Zn – 1Sn）、铝黄铜（Cu – 20Zn – 2Al）和铝青铜（Cu – 7Al – 2.5Fe）中。作为对铜合金具有腐蚀性的化合物，氨和硫化物已引起了相当大的关注。现已发现，在黄油存在的情况下，海军黄铜管可发生应力腐蚀开裂。在铜合金中，硫化物含量高的海水可引起点腐蚀和应力腐蚀开裂。在某些情况下，硫酸盐还原菌也会对铜合金产生腐蚀，从而使镍或锌产生脱合金化。

5. 镍合金

镍合金用于高速水环境，包括蒸发器、热交换器、泵、阀门和涡轮机叶片，因为它们通常比铜合金具有更高的耐腐蚀性。然而，部分镍合金在停滞的水条件中容易发生点腐蚀和缝隙腐蚀，因此，在停机和未使用期间，可能发生微生物腐蚀。现已发现，蒙乃尔400镍合金（66.5Ni – 31.5Cu – 1.25Fe）易受微生物腐蚀沉积的影响。如果存在硫酸盐还原菌，则该合金还可能发生点腐蚀、晶间腐蚀和镍脱合金。现已发现，镍铬合金几乎不会产生微生物腐蚀问题。

5.9.6.2 微生物腐蚀检测与控制

及早发现潜在的微生物腐蚀为题，对于预防设备故障和进行大量维修工作是至关重要的。最常见的检测方法包括：从系统内进行大量液体取样并对其物理、化学和生物特征进行监测。这样做的目标是确定生物膜形成和生长的有利条件，以便可以适当调整内部环境。同时，还应该对微生物可到达区域进行定期目视检查。可以使用的其他方法还包括试样监测、电化学传感器和生物传感器技术。

监控设备可对大量系统的许多属性进行测量。一般的做法是，直接对运行系统的温度、pH 值、电导率和总溶解固体浓度进行检测，同时进行取样，用于便携式或实验室测试方法，以评估溶解气体、细菌计数和细菌鉴定。通过培养生长的方式获取的细菌计数可能会有所帮助，但是必须遵循严格的条件才能产生有意义的结果。细菌计数中最重要的因素是，应该对变化趋势，而不是实际数量进行观察。样本位置、温度、生长介质、生长时间甚至技术人员的变化，都会对观察结果产生影响，因此，一致性是至关重要的。同时，还必须遵循严格的时间表。细菌计数的变化，可用于调整生物灭杀剂的使用，并且在整个系统的计数差异的情况下，也可以用于表示生物膜的生长情况。细菌培养物也可用于鉴定是否存在特定物种，如图 5 - 22 所示。可以使用显微镜进行直接细菌计数，以对载玻片上的细菌进行检查，同时，还可以使用染色的方法以方便进行观察，如图 5 - 23 所示。应对可能发生藻类和真菌生长的暴露表面，以及维修过程中暴露的表面，进行目视检查。如果存在硫酸盐还原菌，则可以通过观察液体介质中的黑色颗粒和/或表面沉积来检测，其原因是这明显是硫化铁和/或硫化铜形成的结果，或者是明显的硫化氢气味。荧光染料可以用来增强视觉检测效果，因为生物膜会吸收部分染料，然后研究人员可用紫外线来照射微生物。

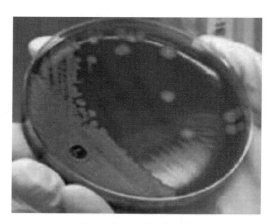

图 5 - 22 细菌培养物

现已发现，试样在微生物腐蚀测试方面非常有用，特别是当与其他监测技术结合使用时更是如此。试样是置于系统内的小金属样品，并进行定期提取，以通过计算重量损失的方式来测量腐蚀率，并从试样上的生物膜中收集微生物以进行鉴定。在系统中正确放置试样的位置，是微生物腐蚀检测中的关键要素。试样应放置在可能发生微生物腐蚀的位置。电化学传感技术如电阻抗谱和电化学噪声，也是检测微生物腐蚀的有效手段。电化学传感器可对如电导率变化等腐蚀反应特

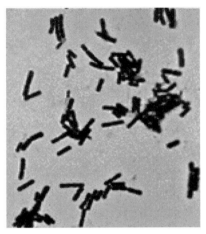

图 5-23 在染色显微镜载破片上进行细菌检查

征进行检测。与对试样的要求相同,传感器在系统中的位置布局,对于能否进行成功的微生物腐蚀检测是至关重要的。电化学传感器是一种专门用于生物膜检测的传感器探针,主要机理是通过吸引微生物生长的方式来完成检测。通过利用已具有的生物膜发生电化学条件的经验,现已研发出能够复制上述条件的探针。当生物膜发生活动时,传感器就会向操作员发出警告。在理想情况下,传感器应放置在更有可能发生生物膜生长的区域。另一种可以专门用于检测水系统中微生物的方法是使用生物荧光法检测仪。测试试剂中的化合物在与微生物发生相互作用时,其荧光会发生改变。化合物活性将取决于从系统中提取的、或在使用中测量的反应染料与未反应染料的比例。该比例会随着生物活性增加而增加。然而,该方法无法区分浮游生物和固着生物。因此,系统中的问题可能无法检测到,从而继续增长。显然,预防微生物的最佳方法是完全阻止生物膜的生长。一旦形成生物膜,它就对生物灭杀剂具有更强的抗性,并且如果去除不完全,就可以快速生长。工作重点应放在清洁上,同时综合使用现有的腐蚀预防和控制技术,以用于各种金属合金和腐蚀形式。对微生物的监测和检测,将对预防性维修程序形成有效指导。

系统的清洁度监测包括监测系统中存在的水、燃料或润滑剂的质量。其中,包括燃料和润滑系统中的水含量。当水含量过高时,应对其进行监测和去除。应对所有流体的固体颗粒进行监测和过滤,以防止颗粒污染。污染物可增加生物膜被细菌作为营养素的可能性。细菌计数和生物传感,有助于对需要引入系统的生物灭杀剂水平进行调解。生物灭杀剂被广泛使用,并且能够有效杀死浮游微生物。但是，生物灭杀剂的成本是很高的，并且由于其具有毒性，因此，对生物灭杀剂使用必须进行有效管理，以降低使用成本和对环境的破坏性影响。清洁还包括定期对发生任何碎屑堆积外部组件进行清洁。非磨蚀性清洁方法是我们推荐的方法，该方法不会对涂层产生破坏。同时，还应对维护/维修过程中暴露的、通常无法触及的部件进行检查/清洁。在进行系统设计时，应最大限度地减少微生物腐蚀易发区域并提供适当的可维护性，这样可有助于改善系统的可清洁能力，包括：消除停滞和低流量区域，最大限度地减少裂缝和焊缝、过滤、排水和进入口处理，监测/取样，以及清洁。

现有的用于保护金属免受各种腐蚀的预防和控制方法，也有助于降低微生物腐蚀的程度，包括使用系统设计方法以最大限度地减少积水条件、适当选择基础材料和涂层、可能的阴极保护、缝隙和紧固件周边密封、使用垫圈以最大限度地减少电偶腐蚀、适当的热处理，以及焊后处理。对于地下建筑而言，可通过用砾石或沙子回填的方式来提供充足的排水，这样的做法将有助于预防微生物腐蚀。在某些情况下，使用替代材料（如 PVC 管道）可大大减少地下管道的腐蚀问题。涂料可以使用生物灭杀剂的配方，但这种涂料通常不可用于系统内部，应首先选择具有最小化缺陷的光滑表面涂层。对可能阻止微生物腐蚀替代涂层的研究表明，聚二甲基硅氧烷涂层对 4340 钢具有良好的结果。在实验室测试中，硅氧烷化合物在两年的时间内显著降低了 0.6M 氯化钠溶液中钢材发生微生物腐蚀的问题。

5.9.7 液态和固态金属脆化

液态金属脆化（Liquid Metal Embrittlement，LME）是与液态金属产生接触，并且在拉伸受到应力时，通常可能发生的可延展金属的脆性断裂现象。金属本身的屈服强度并没有发生变化，但金属可能在远低于自身屈服强度的情况下发生断裂。裂纹扩展所需的应力，低于产生裂纹所需的应力。其结果是，裂纹瞬间产生和扩展，金属发生完全断裂。断裂表面通常被液态金属完全覆盖。液态金属进入裂缝的原因是，可通过材料进行快速裂缝传播。在某些情况下，固体金属在其熔点附近也会出现脆化现象，这种现象被称为固体金属诱发脆化（Solid Metal Induced Embrittlement，SMIE）。表 5-13 列出了各种金属产生液态金属脆化的相互作用。

表 5-13　各种金属中观察到的液态金属脆化

液态金属	铋	钠	铅	锡	镓	汞	铟	锂
固体金属	铝 铝合金 铜 铜合金 锗	铝合金 铜 镁合金	铝 铝合金 铜 铜合金 铁合金 锗 镍 镍合金 锌	铝合金 镉 铜合金 铁合金 锗 镍合金	银 铝 铝合金 镉 铜 铜合金 铁合金 锗 锡 锌	银 铝 铝合金 铋 铜 铜合金 铁合金 锗 锡 锌	铝 铝合金 铜 铜合金 铁合金 锗 锌	银 银合金 铜 铜合金 铁合金 镍 镍合金 钯 钯合金
液态金属	镉	铯	铜	锑	碲	钛	锌	
固体金属	铝 锗	镉	铁 铁合金	铁合金 锗	铁合金	镉	铝合金 铁合金 镁合金	

在加工环境和少数操作应用中，已经发现了液态金属脆化的现象。金属电镀——如对钛或钢进行镀镉，会产生脆化。现在已知，核反应堆中的锆合金管，可能发生液态和固态镉脆化。在锂金属冷却反应器中的锂，也可能发生液态金属脆化现象。

5.9.8　熔盐腐蚀

熔盐腐蚀是指，由于熔融盐或熔盐沉淀影响，所造成的金属容器性能下降。熔盐腐蚀一般有两种作用机理。最常见的一种机理是金属氧化，就像在水性环境中一样。其次是金属溶解。已在熔盐中发现了所有形式的水性腐蚀。更常见的熔盐对金属的影响，如表 5-14 所列。

表 5-14　更常见的熔盐对金属的影响

熔盐	影响
氟化物	● 防止/阻止金属上形成保护膜 ● 导致铬选择性浸出，导致不锈钢和 Inconel 600 镍基合金中产生空隙

续表

熔盐	影响
氯化物	• 对钢形成腐蚀，尤其是碳化钢 • 钢的铝涂层是无效的 • 钢上的镍涂层是有益的 • 随着氧分压的增加，镍合金的电阻将会降低 • 防止在镍合金上形成保护膜 • 导致从铁镍铬合金中，发生铬选择性浸出
硝酸盐	• 普通和低合金碳钢的工作温度可达500℃ • 添加铬是有益的 • 添加氢氧化物，可进一步增加含铬钢的耐受性 • 不准使用铝合金来包装硝酸盐（具有爆炸危险）
硫酸盐	• 含铬的高温合金表现良好 • 铬含量不足会导致严重的腐蚀 • 不能形成保护膜的金属，很容易受到腐蚀
碳酸盐	• 奥氏体不锈钢的工作温度可达500℃ • 含铬的镍合金的工作温度可达600℃ • 50%铬含量铬合金的工作温度可达700℃ • 钢材上的铝涂层的工作温度可达700℃ • 在更高温的条件下，需要具有氧化铝涂层 • 镍涂层不足，将形成镍氧化物，从而导致晶间腐蚀
氢氧化物	• 过氧化物的含量可控制腐蚀性 • 在不锈钢中，导致铬选择性浸出 • 相对于不锈钢和非合金钢，镍合金的抗腐蚀性更强 • 铝合金的抗腐蚀性更强 • 大多数玻璃和二氧化硅材料，很容易受到腐蚀

熔盐腐蚀的管理方法包括：使用可形成被动不溶性薄膜的材料；尽量减少氧化物种的进入；降低温度。

5.9.9 丝状腐蚀

丝状腐蚀，是聚合物膜下金属基底材料所发生的侵蚀。该腐蚀通常是由于涂层中的缺陷所引起的。金属基底的腐蚀性元素沉积在缺陷区域中，引起金属腐蚀以及涂层膨胀和破裂。腐蚀倾向于以随机方式进行一维扩散，产生类似于蠕虫路径的图案或从点发出的触角，如图5-24所示。因此，存在一个与腐蚀相关的

"头部"和"尾部"。在钢罐、铝箔和喷漆铝合金以及其他涂漆金属上,能够发现丝状腐蚀。该腐蚀通常在高湿度(大于 65%RH)条件下发生,可能导致严重腐蚀性的低湿度环境。根据涂层材料和环境的腐蚀性,腐蚀路径的宽度通常在 0.05~3 mm。

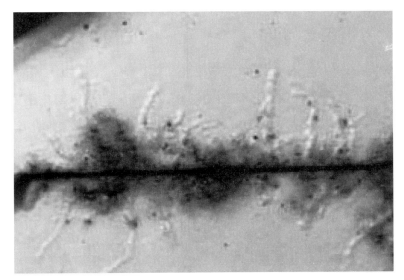

图 5-24 丝状腐蚀

减少丝状腐蚀的方法包括:使用活性较低的金属基材;降低湿度;在钢上使用锌底漆;使用多涂层/涂料系统。

5.9.10 杂散电流腐蚀

杂散电流腐蚀是一种金属侵蚀,是通过该金属的杂散电流形成的。这种腐蚀形式与环境条件无关。直流电比交流电更具破坏性。在交流电中,随着频率增加,腐蚀性会降低。杂散电流的主要来源是地下电力线。该腐蚀对铝合金和不锈钢等活性-惰性金属的破坏性,要大于对活性金属的破坏性。防止发生杂散电流腐蚀的最佳方法是,使用绝缘技术来防止产生电流。如果涂层存在缺陷,涂层将不会对金属起到保护作用,甚至还可能加速腐蚀。如果无法防止产生电流,则防止腐蚀的方法包括:将杂散电流接地;牺牲阳极;绝缘。

5.9.11　碳钢开槽腐蚀

碳钢开槽腐蚀是一种特殊形式的腐蚀,存在于暴露在腐蚀性水域中的电阻焊管道中。焊接过程可产生沿焊线的硫化物重新分布。其结果就是在焊接区域中,在材料凹槽中首先形成腐蚀。焊后热处理(750℃)可能会对开槽腐蚀产生影响,可产生更高的敏感性,在更高的温度(约1 000℃)条件下可降低材料的磁化率。

第6章

近海环境装备失效监测与检测技术

近海环境下装备失效问题比较突出，带来的后果往往十分严重。因此，对装备失效进行有效的监测，根据需要进行检测，对预防装备失效，及早发现失效问题，降低因失效带来的损失具有重要应用价值。对于失效的监测和检测，在方法手段上有多种。特别是对于腐蚀失效而言，不同的方法适用于不同的腐蚀类型。本章主要对现有技术及其对各种腐蚀形式的适用性进行介绍。腐蚀监测包括系统腐蚀性评估方法（系统可能连续或不连续）和系统缺陷形成持续监测方法。腐蚀检测是指对发生腐蚀和腐蚀相关缺陷的系统进行定期检查。由于腐蚀疲劳和应力腐蚀开裂涉及裂缝的形成和传播，因此腐蚀检测还涵盖了表面检测和裂缝检测技术。

6.1 腐蚀监测方法

腐蚀监测对部件磨损和管理环境的腐蚀性进行预测。在腐蚀监测领域中，使用了数种不同的方法。一种方法是使用探针（传感器）来对环境的化学或电化学性质进行监测。收集的数据与材料的腐蚀率有关，但是这并不总是直接的方法。此外，在某些条件下，探针会受到不利条件的影响，从而导致对腐蚀率的错误测定。第二种方法是使用腐蚀试样，这是一种模拟暴露于服役环境的实验室腐蚀环境。声发射技术可用于对材料表面和次表面形成的损伤进行检测。装备腐蚀监测最直接的方法就是进行试样测试。试样测试是将样品放入装备系统环境中，定期取出样品进行检查，分析腐蚀情况。试样测试是一种简单而直接的方法，可为腐蚀监测提供最可靠证据。同时，试样测试还可以获得样品腐蚀形式和位置、平均腐蚀率和腐蚀副产物等重要信息。但是，由于该方法耗时较长，不能提供实时数据，在腐蚀监测过程中，还会采用电化学阻抗谱、电化学噪声、零电阻测量等方法。

6.1.1 电化学阻抗谱

电化学阻抗谱（Electrochemical Impedance Spectroscopy，EIS）是使用电极极化的方式来测量腐蚀率。电化学阻抗谱使用交流电，频率为 0.1 Hz~100 kHz，通过测量施加电流的最终相移，与施加电流进行对比分析。为了获得有用数据，施加电流频率通常为两个或者两个以上，也可以使用全频进行测量，产生最佳数据，以识别腐蚀种类。

6.1.2 电化学噪声

电化学噪声方法是通过测量电位和电流噪声，监测腐蚀情况的方法。由于腐蚀中电势和电流的变化较小，因此需要灵敏度高的仪器。该方法需要三个电极来同时测量电位和电流噪声。不同的腐蚀方式会产生不同的噪声特征。在进行目视检查之前，该数据可用于识别腐蚀凹坑长。但是，对测量信号的分析识别较为复杂，需要多种识别策略辅助判断。虽然该方法可以对不同腐蚀过程进行监测，但是测得的腐蚀率通常准确性一般。

6.1.3 零电阻测量

零电阻测量是对两种材料之间的电流进行测量的方法。通过将材料样品放入传感器单元中，而传感器单元放置在装备系统环境中。该方法可用于监测两个传感器元件使用相同材料的腐蚀过程变化。由于成分、热处理、表面条件和施加应力的微小差异，可能与实际装备材料存在偏差。

6.1.4 薄层活化

薄层活化是通过测量射线来确定腐蚀情况的方法。在材料的表面层上诱导放射性物质，采用高能量带电粒子束轰击材料表面，在表面区域产生放射性元素。随后测量放射性物质释放的 γ 射线，进而确定腐蚀率。例如，钢中放入钴，由于这种同位素将衰变成铁，在此过程中将形成 γ 射线。通过测量 γ 射线变化，确定材料腐蚀的速率。

6.1.5 电场法

电场法是在材料结构上施加电流，并测量所得电压分布来判断腐蚀情况的方法。电场法中用于测量的引脚阵列，需要放置在整个结构的特定区域中。增加引脚之间的距离，会降低对局部腐蚀的探测能力。该方法广泛用于管道内部的腐蚀检测，还可用于探测大型结构的腐蚀情况。

6.1.6 化学分析

化学分析是对腐蚀反应副产物进行检查来监测腐蚀的方法，一般用于监测流体中的材料。该方法需要对液体中的颗粒进行识别和量化，以实现对系统内异常磨损或腐蚀进行监测。该方法广泛用于常规油液分析，可对应急发电机的健康状况进行监测。

6.1.7 声发射

声发射是通过释放在应力材料中所形成能量的方式，来产生弹性波，从而揭示腐蚀缺陷的形成过程。监测过程中必须对弹性波进行连续记录，以便于后续分析。由于需要对材料热应力或机械应力产生的波进行记录测量，因此该方法比较复杂，要求判读人员必须具有经验的丰富，以消除背景噪声并对腐蚀进行诊断。

除以上提到的腐蚀监测方法外，还有电化学噪声、腐蚀电位、声发射等方法，表 6-1 列出了各种腐蚀监测方法的优点和缺点，并对其优缺点进行了分析。

表 6-1 各种腐蚀监测方法的优点和缺点

监测技术	优点	缺点
试样监测	• 低成本 • 可以对多种腐蚀形式进行监测 • 适用于所有腐蚀性环境	• 侵蚀和传热效果不易模拟 • 可实现对需要长时间暴露的、有意义的数据收集（非实时） • 劳动密集型 • 如果需要重复使用试样，则从系统中取出试样进行检查和清洁，会影响对腐蚀率的测定
电化学阻抗谱	• 相对于直流极化，更适合用于低导电环境 • 可以提供有机涂料的状态信息 • 可实现对腐蚀表面的详细表征	• 仪器使用和结果判读相对复杂 • 通常仅限用于均匀腐蚀，但是，也可用于对某些系统中的点腐蚀进行检测 • 全频谱分析很少在现场使用 • 腐蚀电位必须是稳定的，以便在低频率下获得有用的数据 • 外加的电位扰动可能会对腐蚀传感器元件产生影响，特别是对需要长期重复使用的条件更是如此

续表

监测技术	优点	缺点
零电阻测量	• 一种对电偶腐蚀以及防护的简易监测方法	• 所测量电流可能不能准确地表示电偶腐蚀，其原因是该电流高度依赖于阳极与阴极的面积比 • 电流读数的增加，并不总是与电偶腐蚀的增加有关
薄层活化	• 适用于需要直接测量的实际组件 • 可以对小区域（如焊接区域）进行辐射监测 • 可用于侵蚀腐蚀监测	• 所使用仪器仅适用于小型组件 • 在腐蚀过程中，只有将放射性物质从材料表面除去，结果才有意义 • 灵敏度低
电场法	• 可在实际部件中对腐蚀损坏情况进行监测 • 仪器安装后，可以在数年内执行监测任务，并且所需的维护工作量最小	• 不能区分内部和外部缺陷 • 对局部腐蚀的电压信号的判读相对复杂 • 不适用于高度敏感区域（特别是小型区域）
化学分析	• 在充分表征的系统中，可以用这种技术进行低成本的监测 • 可为直接测量方法提供有用的补充信息，以进行腐蚀问题的识别和解决	• 不能测量腐蚀率 • 许多化学分析方法需要进行外部实验室评估，以便获得无法即时获取的信息
电化学噪声	• 灵敏度高，在有限导电性下表现良好，例如薄膜腐蚀 • 是能够实现局部腐蚀检测的少数技术之一，包括点腐蚀损伤和应力腐蚀开裂的某些子模式	• 数据分析要求复杂，需要判读人员具有噪声信号判读的大量经验
声发射	• 适用于包括非导电材料在内的多种材料 • 可以在更大的区域上，而不是在特定的兴趣点上进行监测	• 仅对主动增长的缺陷进行检测 • 不能检测缺陷大小 • 结果判读需要高水平技能
腐蚀电位	• 方法和仪器都相对简单	• 仅能够表示腐蚀行为，不能对腐蚀率进行测量

6.2 腐蚀监测设备

表 6-1 对腐蚀监测的主要方法进行了梳理，对不同方法的优缺点进行了分析。不同监测方法用的监测设备也各不相同，监测设备的种类、精度对腐蚀监测结果有着直接的影响。表 6-1 中腐蚀监测方法用到的设备种类较多，下面对几种较为常见的设备进行介绍。

6.2.1 电阻探针

电阻探针主要通过传感器接触的方式测量电阻变化。由于腐蚀导致材料横截面积减小，从而发生电阻变化（增加），因而可以通过测量电阻情况来分析腐蚀情况。传感器的灵敏度随着传感元件厚度的减小而增加，这会导致传感器寿命缩短。在传感元件上积聚的沉积物会影响探针的电阻读数。电阻探针的灵敏度还与温度有关，需要额外的屏蔽探头来消除温度变化的影响。电阻探针可以永久地安装在装备系统内，以便于进行连续监测或定期测量。

6.2.2 感应电阻探针

由于普通电阻探针需要传感器接触，在实际使用中有一定的技术局限。感应电阻探针则通过对探头中线圈、感应材料电阻的变化进行测量。如果使用具有高磁导率的传感元件，则线圈周围的磁场会变强，测量精度更高。由于被测元件厚度变化都将改变包围线圈的磁场，可以通过测量获得相应的腐蚀率。感应电阻探针对温度变化也比较敏感，其灵敏度要高于电阻探针。

6.2.3 线性极化电阻

线性极化电阻（Linear Polarization Resistance，LPR）可以用于测量均匀腐蚀瞬时速率，广泛应用于完全浸没的水环境。将 5~20 mV 的小电位施加到传感器电极上，然后对电流进行测量。对于溶液电阻而言，应进行独立测量，并从测量电阻中减去相应的数值，以获取更高的精度。测量的极化电阻与腐蚀率成反比。该方法适用于几乎所有类型的水基环境，实际应用超过 30 年，效果较好。

6.2.4 氢探针

氢原子是许多腐蚀的反应产物，通过对存在的氢原子进行测量，可以确定材料的腐蚀率。氢探针主要是检测氢原子是否扩散到材料中，测量腐蚀过程中产生的氢原子，进而分析材料腐蚀率。氢探针更常用于对氢原子是否扩散到相邻材料（如管壁）中进行检测，上述情况可能导致氢致开裂。在炼油和石化工业工厂设备中可能存在硫化氢，氢探针在这些行业应用较为普遍。

表6-2对不同腐蚀监测设备优缺点进行了梳理。

表6-2 各种腐蚀监测设备的优点和缺点

监测技术	优点	缺点
电阻探针	• 技术成熟，具有多个商业供应商 • 不必从系统中移除探针以获得重量损失数据	• 仅适用于均匀腐蚀测量 • 在持续时间短导致未能产生检测结果的环境中，缺乏实时数据收集的能力 • 如果探针上存在导电产物或沉积物，则会产生错误结果
感应电阻	• 与电阻探针相比，灵敏度更高，受温度变化影响更小	• 是一种商用产品和更适用于均匀腐蚀的新技术
线性极化电阻	• 导电性能好的介质中可以瞬时完成 • 腐蚀速度的测量可用于线性实时监测 • 腐蚀速度不受测量影响	• 仅能够基于均匀腐蚀 • 这种方法需要具有相对高的离子电导率的环境 • 不稳定的腐蚀电位会产生错误的测量结果 • 测量读数速度的快慢会影响测量结果，致使结果不准确 • 导电物质可能导致电极短路，从而产生错误的结果
氢探针	• 通过附着在外表面上、可用于氢扩散测量的探针，该方法非常且容易实现探测位置变化	• 仅限用于小区域测量 • 仅限用于在阴极反应中可产生氢的系统 • 氢吸收与实际损害相关的指导方针尚未建立

6.3 腐蚀检测方法

腐蚀检测方法，是定期对材料和材料系统进行检查的方法，以对包括裂缝在内的腐蚀和腐蚀相关缺陷进行检测。腐蚀检测方法是否成功，取决于操作人员及其定位和识别腐蚀的经验。人工检测方法仅限用于表面损伤检测，包括目视检查、液体渗透检查和磁粉探伤检查。高科技方法可用于检测地下缺陷、对隐藏区域的损害,以及对目视检查而言过小的损坏。高科技方法通常将某种形式的能量(如 X 射线、声波或热)引入到感兴趣的材料中,并对能量的吸收/反射情况进行测量,收集的数据可用于映射材料中所发现的缺陷。可能需要使用各种设备/方法,以及第二种或第三种检查方法的经验,来准确地识别已检测到的缺陷类型。

6.3.1 目视检查

目视检查,是对从物体表面反射到人眼的光进行观察。该方法虽然不是一种技术性很强的方法,但却是最广泛使用的腐蚀检测技术。检查质量与检查人员对设备和环境条件的经验直接相关。有时可以看到腐蚀产物,从而识别出相应的腐蚀问题。表 6-3 列出了数种金属腐蚀产物的外观。

表 6-3 金属腐蚀产物的性质和外观

合金	合金易发生的腐蚀类型	腐蚀产物外观
铝合金	表面点腐蚀、晶间腐蚀和剥落腐蚀	白色或灰色粉末
钛合金	高度耐腐蚀。与氯化溶剂的长期或反复接触,可能导致金属结构性能的降低	无可见腐蚀产物
镁合金	非常容易发生点腐蚀	白色粉状雪状堆积,表面有白色斑点
低合金钢(4000-8000 系列)	表面氧化、点腐蚀和晶间腐蚀	红褐色氧化物(锈)
耐腐蚀钢(Corrosion Resistant Steel, CRES)(300-400 系列)	晶间腐蚀(由于热处理不当)。在近海环境中,存在发生点腐蚀的倾向(300 系列比 400 系列更耐腐蚀)。应力腐蚀开裂	粗糙表面可证明腐蚀已发生,有时红色、棕色或黑色污点也可证明腐蚀已发生
镍基合金(铬镍铁合金)	一般具有良好的耐腐蚀性。有时容易发生点腐蚀	绿色粉末沉积物
铜基合金,黄铜,青铜	表面和晶间腐蚀	蓝色或蓝绿色粉末沉积物
镉(用作钢的保护镀层)	具有良好的耐腐蚀性。如果发生腐蚀侵蚀,可保护钢免受侵蚀	白色粉状腐蚀产品
铬(用作钢的耐磨镀层)	在氯化物环境中,易受点腐蚀的影响	铬是钢的阴极,自身不会产生腐蚀,但会促进钢的生锈,从而在涂层中出现凹坑

6.3.2　增强型目视检查

内窥镜和纤维内窥镜，提供了一种对重要和易腐蚀部件内部区域进行检测的方法。内窥镜是一种细杆形光学装置，可将图像从内部组件传输到检查人员的眼睛。在重要区域设计中，需要预留便于内窥镜检查的入口。纤维内窥镜的工作方式与内窥镜相同，但具有柔韧性，因此可以对更宽的区域进行观察。视频成像也可以合并到上述设备中，以便可以在视频监视器上观看图像。

6.3.3　液体渗透检查

液体渗透检查是一种低成本方法，可用于面积太小而无法进行目视检查的表面裂缝。首先将紫外线反射液喷射或擦拭到材料表面上，经过一段时间后，液体将通过毛细作用进入裂缝，然后从表面擦去多余的液体，并施加粉末，粉末将液体从裂缝中拉回到表面，最后使用紫外线照射表面，露出剩余的液体。液体的面积将大于裂缝尺寸。

6.3.4　磁粉探伤检查

磁粉探伤检查可用于发现铁磁材料（如钢铁）的表面缺陷。磁性颗粒可以是干燥的、或悬浮在液体中，并且是有色的或荧光的，需要均匀分散在材料表面。在材料中感应出磁场，产生磁通线，磁通线会因缺陷而产生变形。必须注意表面处理，其原因是划痕和不规则处理也会使磁通线变形。

6.3.5　涡流检测

涡流可用于对材料表面上和下方的缺陷进行检测。将交变磁场施加到材料表面。在材料中引起涡流，产生与施加磁场相反的磁场。对阻抗进行测量，结果可用于反映材料中的缺陷。100 Hz ~ 50 kHz 低频涡流，可用于穿透更深的材料。

6.3.6　超声波检测

超声波检测，需要使用可通过感兴趣材料进行传输的高频声波。在达到材料的另一侧后，传输声波将被材料中的缺陷反射回源点。记录的声波可用于反映材料中的缺陷，并对材料厚度进行测量。能否识别材料中的缺陷，取决于操作人员的经验和/或其他的检查方法。与需要大型设备和操作人员经验的其他方法相比，超声波检测的成本更高。

6.3.7 射线照相技术

射线照相技术是一种将 X 射线、γ 射线或中子传输到材料中的方法，记录的吸收数据可用于发现材料中的任何缺陷。同样，缺陷的识别取决于操作人员的经验，或是否使用了其他的检查方法。在上述技术中，中子照相术是最敏感且最昂贵的。

6.3.8 热成像技术

热成像是一种对材料系统发射红外辐射量度进行测量的方法。其基本原理是，材料之间具有良好的机械结合和热结合。可用于对腐蚀、剥离、开裂、变薄、吸水等缺陷的检测。由于其成本和对表面缺陷检测的局限性，热成像技术没有被广泛使用。

表 6-4 列出了各种无损检测技术之间的比较。

表 6-4 无损检测方法的优缺点

技术	优点	缺点	主要缺陷
目视检查	• 价格较低 • 大面积覆盖 • 便携性好	• 具有高度主观性 • 测量不准确 • 仅限用于表面检查 • 劳动密集型	表面腐蚀、剥落腐蚀、点腐蚀和晶间腐蚀
增强型目视检查	• 大面积覆盖 • 非常快 • 对搭接接头腐蚀非常敏感 • 多层	• 量化困难 • 主观，需要经验 • 需要表面处理	与目视检查相同，但可通过增强放大或可访问性能力的方式提高检查能力
涡流检测	• 价格较低 • 便携性好	• 吞吐量低 • 需要对结果进行判读 • 操作人员培训 • 人为因素（乏味）	• 缺陷位置、形状不易估计 • 对导电材料表面和近表面缺陷的检测灵敏度致离 • 应用范围广
超声波	• 灵敏度很高 • 可以对腐蚀磨损和管道壁厚进行检测	• 需在设备单侧探测 • 需要耦合剂 • 无法对多个层缺陷进行检测 • 吞吐量低	层状结构缺陷的检测存在腐蚀磨损和分层、空隙

续表

技术	优点	缺点	主要缺陷
射线照相技术	• 最佳分辨率（~1%） • 图像判读	• 难用于在线检测 • 费用高 • 辐射安全性低 • 设备体积庞大	表面和表面下的腐蚀缺陷
热成像技术	• 大面积扫描 • 吞吐量相对较高	• 设备复杂 • 分层结构是一个问题	表面腐蚀

6.4 腐蚀检测设备

现在已经研发出包含多种检测技术的腐蚀检测设备，可提高对腐蚀缺陷进行精确检测的可靠性。上述设备必须是手持式的，易于使用且具有成本效益。已经研发了可用于飞机检查的两种设备，通过在飞机表面区域进行扫描的方式，可对裂缝和隐藏的腐蚀进行识别。

6.4.1 移动式自动超声波扫描仪

移动式自动超声波扫描仪（Mobile Automated Ultrasonic Scanner，MAUS）将超声波脉冲回波、超声波共振和涡流技术集成到一个单元中，能够进行无损检测。移动式自动超声波扫描仪Ⅳ是第四代设备，具有便携性，适用于对各种部件材料的裂纹和缺陷检测。移动式自动超声波扫描仪是为飞机检查而研发的，特别适用于对搭接接头进行评估。

6.4.2 磁光涡流成像

磁光涡流成像（Magneto - Optic Eddy Current Imaging，MOI）是一种使用法拉第磁光传感器对感应涡流进行测量的检测方法，并可在视频监视器上显示出测量结果，可进行图像或记录图像的实时查看。该设备体积足够小，可以手持，并且可以很容易地进行移动以实现对大面积区域的扫描。

第 7 章 近海环境下装备防护技术

即使正确选择了基材金属并精心设计了系统或结构,但是也没有绝对的方法来消除所有的腐蚀。因此,需要使用腐蚀防护方法,以进一步减轻和控制腐蚀的影响。腐蚀防护可以采用多种不同形式/策略,并可能在恶劣环境中使用多种方法。腐蚀防护形式包括使用抑制剂、表面处理、涂层和密封剂、阴极保护和阳极保护。本章对多种形式的腐蚀防护方法进行了讨论。

7.1 抑制剂

抑制剂是可与材料表面发生反应的化学物质,能够降低材料的腐蚀率,或可与工作环境产生相互作用,以降环境的腐蚀性。抑制剂可被引入到环境中,其中材料作为溶液或分散体工作,以形成保护膜。例如,抑制剂可以被注入完全含水的再循环系统(例如汽车散热器)中,以降低该系统中的腐蚀率。还可以用作涂料产品中的添加剂,例如,表面处理剂、底漆、密封剂、硬化涂料,以及腐蚀预防化合物。此外,可以将部分抑制剂添加到用于车辆、系统或组件洗涤的水中。腐蚀抑制剂与金属可发生相互作用,能够通过三种方式减缓腐蚀过程:将金属表面的腐蚀电位转移到阴极或阳极端;防止离子渗透到金属中;增加金属表面的耐腐蚀性。

通过抑制阴极过程的方式,金属的腐蚀电位可向阳极端移动。上述过程,是通过使用在阴极部位发生腐蚀反应的化学物质进行腐蚀反应抑制来实现的。例如,阻止金属表面的氢离子结合形成氢气。同样,可通过抑制阳极过程的方式,使金属的腐蚀电位向阴极端移动。上述过程,是通过对发生在腐蚀单元阳极部位的化学物质进行腐蚀反应抑制来实现的,如通过保持金属离解成离子。通过在金属表面上形成保护膜或层的方式，可实现防止离子渗透到金属中的目的。抑制剂可以形成保护性隔离膜，能够有效地将金属与腐蚀性环境隔离开来，或者诱导形成沉淀物，防止腐蚀剂进入金属。抑制剂还可以通过钝化表面的方式增加金属耐腐蚀性，抑制剂通常分为五类：钝化、阴极、有机、沉淀和气相。以下将分别讨论上述类别抑制剂。

7.1.1 钝化抑制剂

钝化抑制剂是最常见的抑制剂类型，其主要原因是它在降低腐蚀率方面非常有效。钝化抑制剂可通过在金属表面上形成薄的惰性膜的方式来保护材料，将其腐蚀电位移向贵金属端，从而有效地对金属完成钝化。腐蚀电位的这种转移可能是非常明显的，有时约为 100 mV。钝化抑制剂可以是氧化抑制剂和非氧化抑制剂，取决于环境中是否存在氧气。氧化抑制剂包括亚硝酸盐和硝酸盐，其中，铬酸盐是最广泛使用的抑制剂之一。尽管铬酸盐抑制剂是最有效的，但是由于健康和环境问题，目前它们正被美国环境保护局的法规逐步淘汰。非氧化抑制剂包括磷酸盐和钼酸盐。上述非氧化抑制剂只能用于遇到含氧环境的应用场合。钝化抑制剂的主要缺点是，如果抑制剂的浓度低于临界浓度，它们实际上会加速对受保护材料的局部腐蚀。因此，可能需要定期重新施加腐蚀抑制剂，或对抑制剂浓度进行监测。

7.1.2 阴极抑制剂

阴极抑制剂可向金属或电化学电池的阴极区域提供靶向防护，并通过抑制阴极反应速率的方式来提供保护。通常通过构建隔离层，阻止腐蚀剂进入金属表面，或防止阴极过程中成分形成正常产物（如氢气）的方式来实现。例如，某些抑制剂可在金属的选定阴极区域上形成沉淀以提供屏障，从而有效地将金属与环境隔离开来。另外，其他抑制剂可首先与氢或氧进行反应，并防止它们生成氢气，或者在氧的情况下，防止其氧化金属。碳酸氢钙、锌化合物和多磷酸盐，都是阴极抑制剂的一些例子。

7.1.3 有机抑制剂

与阴极抑制剂不同，有机抑制剂通过吸附在金属表面上以形成薄的水置换膜的方式，从而在整个金属上发生作用。金属和薄膜之间吸附强度是决定抑制剂保护水平的关键因素。吸附强度主要取决于金属表面和有机抑制剂之间的相对离子电荷。阴离子抑制剂（具有负离子电荷的抑制剂），如磺酸盐，可用于带正电荷的金属。阳离子抑制剂（具有正离子电荷的抑制剂），如胺，可用于带负电荷的金属。

7.1.4 沉淀抑制剂

沉淀抑制剂是可以诱导金属上沉淀物形成的化学物质。沉淀物倾向于覆盖金属的整个表面，并且对腐蚀性环境起到一定程度的屏障作用。沉淀抑制剂的实例包括硅酸盐（如硅酸钠）和磷酸盐。

7.1.5 气相抑制剂

气相抑制剂也称为挥发性腐蚀抑制剂，由气相产物（如水蒸气）携带到待保护的金属表面。当气相产物到达金属表面时，产生气相冷凝，从而导致抑制剂离子释放。

7.1.6 抑制剂化合物

抑制剂可以是无机或有机材料。无机抑制剂通常是结晶盐，包括铬酸钠、磷酸盐和钼酸盐。上述材料的负离子有助于减少腐蚀。有机抑制剂包括磺酸钠、膦酸盐、巯基苯并三唑（Mercaptobenzotriazole，MBT），以及含有带正电荷的胺基脂肪族或芳族化合物。抑制剂可以制成液体、固体（包括硬质和软质材料）或气体，以进行实际实用。其最大的用途是用于液体加热或冷却系统。将抑制剂引入液体介质中，并对系统的浓度和/或腐蚀率进行监测，可以维持抑制剂的最佳浓度水平。将包括吗啉和肼蒸气相抑制剂引入蒸汽环境如锅炉中，可提高系统中的 pH 值。抑制剂的选择，取决于需要保护的金属以及工作环境。表 7-1 列出了用于保护某些环境中金属的各种抑制剂。

表 7-1 用于保护各种系统/金属的部分抑制剂

系统	抑制剂	金属	浓度
酸			
盐酸	乙基苯胺	铁	0.5%
	巯基苯并三唑		1%
	吡啶+苯肼		0.5%+0.5%
	松香胺+环氧乙烷		0.2%
硫酸	苯基吖		0.5%

续表

系统	抑制剂	金属	浓度
磷酸	碘化钠		200 ppm
其他	硫脲		1%
	磺化蓖麻油		0.5%~1.0%
	三氧化二砷		0.5%
	砷酸钠		0.5%
水			
饮用水	碳酸氢钙	钢和铸铁	10 ppm
	聚磷酸盐	铁，锌，铜，铝	5~10 ppm
	氢氧化钙	铁，锌，铜	10 ppm
	硅酸钠		10~20 ppm
冷却	碳酸氢钙	钢和铸铁	10 ppm
	铬酸钠	铁，锌，铜	0.1%
	亚硝酸钠	铁	0.05%
	磷酸二氢钠		1%
	吗啉		0.2%
坩埚	磷酸二氢钠	铁，锌，铜	10 ppm
	聚磷酸盐		10 ppm
	吗啉	铁	可变
	肼		除氧剂
	氨		中和剂
	十八胺		可变
发动机冷却剂	铬酸钠	铁，铅，铜，锌	0.1%~1%
	亚硝酸钠	铁	0.1%~1%
	硼砂		1%
乙二醇/水	硼砂+巯基苯并三唑	全部	1%+0.1%
油田卤水	硅酸钠	铁	0.01%
	Quarternairies		10~25 ppm
	咪唑啉		10~25 ppm

续表

系统	抑制剂	金属	浓度
海水	硅酸钠	锌	10 ppm
	亚硝酸钠	铁	0.5%
	碳酸氢钙	全部	pH 依赖性
	磷酸二氢钠 + 亚硝酸钠	铁	10 ppm + 0.5%

7.2 表面处理

表面处理，是使用各种方法改变材料表面以改善材料的某些特性，以提高耐腐蚀性。转化涂层和阳极氧化属于化学反应，能够在金属表面上形成具有更好耐腐蚀性的氧化膜层。喷丸强化是一种引起压缩残余应力的机械过程，可提高金属对应力腐蚀开裂和腐蚀疲劳的耐受能力。激光处理是使用加热的方式来改变材料表面结构，有助于改变材料表面的化学反应，或在金属内引起压缩残余应力，以增加其对应力腐蚀开裂和腐蚀疲劳的耐受能力。

7.2.1 转化涂层

转化涂层可用作保护性涂层，有时也可用作装饰涂层，主要是在通过金属表面与所选环境产生化学反应的方式来原位产生。两种主要转化涂层是磷酸盐和铬酸盐转化涂层，将在 7.3.2 节进行具体讨论。

7.2.2 阳极氧化

阳极氧化是一种电化学过程，最常用于铝，但也可以与其他金属一起使用，例如镁和钛合金。电流通过电解质（通常是铬、磷或硫酸），使阳极金属表面形成氧化膜。该薄膜可以比天然薄膜厚得多，因此可以提供更好的腐蚀防护能力。阳极氧化相对于涂层沉积方法的优点是，所得涂层是基材的一个整体组成部分，而不是与衬底结合的层。但是，阳极氧化涂层通常具有脆性，并且易受强酸和强碱的影响。

7.2.3 喷丸强化

喷丸强化最初是一种用于增加金属疲劳强度的冷加工工艺。喷射流用于轰击金属表面，引起压缩应力并减轻材料内的拉伸应力。喷丸强化效果的深度通常在金属表面下方 0.13~0.25 mm 处。金属表面上残余应力的改变，可导致金属具有更高的抗疲劳性能，并且还具有更高的腐蚀疲劳和应力腐蚀开裂耐受性能。

7.2.4 激光处理

激光技术有四种用途可改变金属的表面特性。第一种方法是使用激光加热来硬化表面，从而增强表面的热扩散能力；第二种方法是使用激光加热来熔化表面，然后进行快速淬火，以改变表面结构；第三种方法使用激光来熔化表面，并将合金元素添加到表面熔体中，以有效地在表面形成不同的材料；第四种方法利用激光的冲击效应在金属表面产生压缩应力。这种方法与喷丸强化具有相同的效果，主要区别在于该方法可以产生约 1.0 mm 深度的残余压应力，从而使金属具有更高的疲劳寿命。该方法称为"激光喷丸"或"激光冲击处理"。

7.3 涂层和密封剂

金属、无机和有机涂层经常用于各种类型腐蚀性介质中，以提供对金属的长期腐蚀保护。有两种主要类型的涂层：阻隔涂层和牺牲涂层。阻隔涂层可用作屏蔽并保护金属免受周围环境的影响，而牺牲涂层则用作牺牲阳极，因此将首先发生腐蚀。阻隔涂层通常不发生反应，耐腐蚀并且防磨损。牺牲涂层通过向基底金属提供电子的方式来提供阴极保护。密封剂通过完全固定部件以防止水分渗透的方式来提供腐蚀防护。

7.3.1 金属涂层

金属涂层可提供更好的金属耐腐蚀性，可作为阻隔涂层或牺牲涂层。金属涂层的耐用性很好，通常易于形成，但有时具有多孔性，这将导致基底金属的加速腐蚀。用作涂层的部分常见金属包括镍、铅、锌、铜、镉、锡、铬和铝。施加金属涂层的方法包括包覆、电沉积（电镀）、化学镀、喷涂、热浸、扩散、化学气相沉积（Chemical Vapor Deposition，CVD），以及离子气相沉积。

1. 镍

镍可用作防腐应用涂层，也可用作其他涂层的基底涂层。电沉积是施加镍涂层的常用方法，但也可以使用化学镀的方法。当镍用作钢的涂层时，有时可将铜用作中间层。镍还用作钢和微裂纹铬之间的中间层，以防止钢发生腐蚀。与镍涂层相比，镍磷涂层具有优异的耐腐蚀性，并且可以使用电沉积或无电沉积的方式来喷涂。

2. 铝

热浸镀、喷涂、黏接和离子气相沉积工艺，可用于在钢上沉积铝涂层。热浸铝涂层可用于保护金属基材免受大气腐蚀和高温氧化。喷涂的铝涂层有时可用有机涂层密封，以提供更均匀和不渗透的保护。离子气相沉积的铝涂层具有柔软性并易于成型。铝涂层的最小厚度为 $8 \sim 25$ μm。

3. 铅

通常采用电沉积和热浸镀的方法在钢上施加铅涂层，有时也可加入锡以改善可黏合性。当然，铅化合物是有毒的，因此铅涂层的使用必须受到限制。

4. 铜

铜易受大气腐蚀，因此，单独作为保护涂层不是很有用。然而，当铜与后续涂层结合使用时，则是有用的，因为铜具有低孔隙率，可以用作具有多孔耐腐蚀涂层的隔离涂层，以保护基底金属免受腐蚀。此外，腐蚀抑制剂（如苯并三唑）也可以改善铜涂层的性能。

5. 镉

镉通常是潮湿和近海环境中钢的防腐涂层的首选材料，镉是钢的阳极，因此可作为钢的牺牲阳极。镉涂层光滑且导电，并且耐磨损和疲劳，但现在已知镉涂层会导致钢和钛的固体金属产生脆化，并且可能导致铝合金产生剥落。此外，镉的腐蚀产物是有毒的，因此应避免在可能产生污染的环境使用。在以上环境中，可有镉涂层的替代品，如锌和锡涂层。镉涂层主要通过电沉积工艺施加，并且具有良好的电气应用性能。最小涂层厚度为 $5 \sim 25$ μm。

6. 锌

镀锌是指使用任何方法将锌涂层施加到金属表面上。热浸镀、电沉积和喷涂是常见用于金属镀锌的几种方法。锌比镉便宜，并且通常是工业环境中的首选涂层。

7. 铬

铬涂层坚硬并且具有良好的耐磨性，但通常需要与其他涂层（如铜和镍）一起用于防腐应用。

8. 锡

锡是涂层应用中的另一种非常常见的材料，可为金属基材提供良好的耐腐蚀性，可作为阻隔涂层或牺牲涂层。通常用于钢的涂层，有时也用于铜的涂层。锡涂层通常薄且多孔，因此，为了实现防腐，一般应起到牺牲涂层的作用。锡涂层广泛用于食品工业中，一般作为钢容器上的涂层。

9. 金

通常将金涂覆在其他涂层上，以提供更好的外观或电性能。金涂层主要用在电气应用（和珠宝）中，其原因是其具有很低的接触电阻。

7.3.2 陶瓷涂层

陶瓷涂层是无机非金属涂层，在腐蚀性环境和受保护的基础材料之间起到屏障作用。通常通过化学反应在金属表面上形成的氧化膜，也可以在部分金属上自然形成，可以生产更有效的耐腐蚀涂层。陶瓷涂层特别适用于高温腐蚀防护。陶瓷涂层的实例包括铬酸盐薄膜和磷酸盐涂层。

1. 铬酸盐薄膜

尽管铬酸盐薄膜在金属基材的耐腐蚀性方面具有显著改进，但是其还是主要用作其他涂层和涂料的前体。铬酸盐涂层通常用于钢、铜、铝、镁、镍、银、锡和镉基材。可以通过浸渍、喷涂或刷涂的方式来施加薄的铬酸盐薄膜。

2. 磷酸盐薄膜

金属磷酸盐涂层主要通过化学反应在适当环境中在金属表面上形成，主要用于防腐蚀，此外，也可为其他涂层提供良好的黏附表面。当与腐蚀抑制剂或其他涂层结合使用时，腐蚀防护性能可得到明显改善。通常情况下，磷酸盐涂层可通过喷涂较大的组分或通过浸入溶液浴中来施加。浸渍是首选方法，其原因是可产生更均匀的涂层。

7.3.3 有机涂层

有机涂层广泛用于外表面的防腐应用，也可用于内部涂层和衬里。实际上，相对于任何其他可用的保护方法，有机涂层可更多地用于腐蚀防护，还可提供提前钝化，或改善金属材料的外观。有数种类型的有机涂料，包括油漆、清漆、搪瓷和清漆，可用于防腐应用。涂层类型如表 7-2 所列。

表 7-2 有机涂层类型和定义

涂层类型	定义
漆	一种着色的液体稠度组合物，在作为薄层施用后，可转化为固态和黏附的坚韧薄膜
油漆	含有干性油或油性清漆的涂料，可作为基本成膜载体
水漆	含有水乳液或分散体的涂料，可作为基本成分
搪瓷	一种涂料，其特征在于具有特别光滑的表面薄膜
清漆	一种液体组合物，其在作为薄层施用后，可转化为透明或半透明的固体膜。清漆通常是一种结合了干性油和强化剂的透明液体，一般通过氧化油进行空气干燥

续表

涂层类型	定义
天然漆	一种成膜液体组合物，含有聚合酯或醚和增塑剂，可作为溶剂中的基本成膜成分，一般通过蒸发溶剂进行干燥。天然漆可以用或不用树脂构成
烘烤完成	需要在 66℃（150℉）的温度下进行烘烤，以提供所需的性能

有机涂层具有三种保护金属基材免受腐蚀的基本方法：①防止腐蚀剂渗透到金属中（不渗透性）；②抑制腐蚀剂；③起阴极保护材料的作用。不可渗透的涂层可保护金属基材免于必须面对含有腐蚀剂的其他有害环境。含有抑制剂的有机涂层可以通过与腐蚀剂发生反应的方式，在金属基材上形成保护膜，来抵消侵蚀性腐蚀剂的影响。阴极保护性有机涂层含有添加剂，可降低金属在周围腐蚀环境中发生腐蚀的可能性。

有机涂层系统通常包括三部分：①底漆；②中间涂层；③面漆。底漆对涂层系统的完整性而言是非常重要的。它是系统的基本层，提供了金属基材与涂层系统的中间或后续层之间的基本黏合性能和防腐蚀性能。中间涂层可为涂层系统提供耐腐蚀性和厚度。面漆也非常重要，因为它提供了第一级防腐蚀保护，并作为中间涂层和底漆的密封。通常情况下，面漆比面漆更薄，具有良好的耐磨损性和耐磨性，并且通常决定了有机涂层系统的外观。

正确选择涂层，显然是保护金属免受腐蚀的最重要方面之一。但是，在选择涂层时，还有三个其他重要因素需要进行适当考虑，以提供最佳的使用寿命：①表面制备，这对于在涂层和基底之间能否提供牢固的黏合是至关重要的；②适当选择和涂覆底漆，底漆应与基材具有良好的黏附性并且应该与涂层相容，黏附性差或不相容的底漆，可能导致涂层失效；③正确选择面漆。但是，如果表面制备不良或选择了不合适的底漆，则面漆的选择也就不重要了，其原因是涂层无论如何都会失效。有机涂层的成分通常包括挥发性和非挥发性成分。挥发性成分一般用作稀释剂，而非挥发性成分则一般用作成膜成分（如树脂、油、蜡等），有时也可包括颜料和增塑剂。颜料具有多种功能，可以防止水分渗透、防腐蚀、防止阳光照射，并可增加涂层的一致性和颜色。增塑剂主要用于防止涂层开裂。与金属涂层相比，有机涂层具有一些优点和缺点。例如，有机涂层通常更经济，可以涂覆在金属和无机涂层之上，具有各种颜色，并具有广泛的物理特性。但是，有机涂层更容易受到机械损坏，并且无法对暴露的基板区域提供任何阳极保护。表 7-3 列出了涂层系统中所用各种有机材料的优点和局限性。该表显示了不同树脂材料的优缺点（包括性能和特性），与其他材料的兼容性，以及它们在某些环境中的性能和兼容性。

表 7-3 主要有机涂层材料的优点和局限性

树脂类型	优点	局限性	备注
醇酸树脂	对大气风化和中等化学烟雾具有良好的耐受性，不耐化学飞溅和溢出。对长油醇酸树脂具有良好的渗透性，但干燥速度慢，对短油醇酸树脂容易形成快干。可耐受105℃（225℉）的温度	不耐化学腐蚀，不适合在碱性表面上使用，例如新拌混凝土或浸水	长油醇酸树脂，是已经发生锈蚀和点腐蚀钢材，以及木质表面的优质底漆。对于在许多工业领域中占主导成分的温和化学烟雾，其具有足够的耐腐蚀性。可用作室内和室外工业以及海洋应用的饰面
环氧树脂	耐候性好，耐化学性比醇酸树脂好，通常足以抵抗正常的大气腐蚀侵蚀	通常是最不耐腐蚀的环氧树脂。不耐强烈的化学烟雾、飞溅或溢出。耐温性：在干燥大气中，可耐受105℃（225℉）的温度，不适合用于浸泡环境	高品质的油性涂料，与大多数其他涂料具有良好的相容性。易于涂覆。广泛用于结构钢、油罐外壁等化学环境中的大气防腐应用
乙烯基	不溶于油、脂、脂肪烃和醇类。耐水和盐溶液。在室温条件下，不会受到无机酸和碱的侵蚀。耐火。具有良好的耐磨性	强极性溶剂，可重新溶解乙烯基。初始黏附性差。厚度（0.04~0.05 mm，或1.5~2 mil）成本相对较低。部分类型乙烯基，在没有底漆的情况下不会黏附在裸钢上。干膜中的孔，比其他涂层类型中更为普遍	坚韧、低毒、无味、无色、耐火。可用于饮用水箱和卫生设备，广泛用于工业涂料。可能不符合挥发性有机化合物（Volatile Organic Compound，VOC）法规
氯化橡胶	● 低透湿性和优异的耐水性 ● 耐强酸、碱、漂白剂、肥皂和洗涤剂、矿物油、霉菌和霉菌。良好的耐磨性	可重新溶解在强溶剂中。可通过加热（95℃，或200℉，干燥；60℃或140℉，湿）和紫外线进行降解，但可以进行稳定以提高上述性能。可能很难喷涂，特别是在炎热的天气中更是如此	耐火、无臭、无味、无毒。可快速干燥，对混凝土和钢材具有出色的附着力。可用于混凝土和砖石涂料、游泳池涂料、工业涂料、船舶涂料

续表

树脂类型	优点	局限性	备注
煤焦油沥青	优异的耐水性（高于所有其他类型的涂料）；对酸、碱和矿物油、动物油和植物油具有良好的耐受性	除非与另一种树脂交联，否则呈热塑性，并且可在40℃（100℉）或更低的温度下进行流动。在寒冷的天气里，容易变硬脆裂。黑色煤焦油沥青，在长时间暴露在阳光下时，可能发生皲裂和裂缝，但是仍然具有保护作用	可在浸没和地下应用中用作防潮涂料。广泛用作管道外表面和内表面涂层。沥青乳液可用作路面密封剂。相对便宜
聚酰胺固化环氧树脂	优于胺固化环氧树脂的耐水性。优异的附着力、光泽、硬度和耐磨性。比胺固化环氧树脂更灵活和更硬。耐温性：在干燥条件中，可耐受105℃（225℉）的温度。在潮湿条件中，可耐受65℃（150℉）的温度	在5℃（40℉）以下不会发生交联。最大防腐蚀性能，通常需要在20℃（70℉）的条件下固化7天。具有比胺固化环氧树脂略低的耐化学性	相对于胺固化环氧树脂，更容易涂抹和上漆，更柔韧，并具有更好的防潮性。对钢和混凝土具有优异的附着力。广泛用于工业和船舶维护涂料。部分配方可以应用在潮湿或水下表面环境中
煤焦油环氧树脂	优良的耐盐水和淡水浸泡能力。非常好的耐酸碱性。尽管浸入强溶剂中可能会浸出煤焦油，但具有耐良好的溶剂性	暴露在寒冷气候或紫外线条件下，会发生脆化。耐寒性差。应在48 h内完成涂覆，以避免涂层间产生黏附问题。在10℃（50℉）的温度以下，不会产生固化。仅黑色或深色。耐温性：在干燥条件中，可耐受105℃（225℉）的温度；在潮湿条件中，可耐受65℃（150℉）的温度	耐水性好。每层的厚度为0.25 mm（10 mil）。在没有底漆的情况下可以应用于裸钢或混凝土。单位涂覆成本低

续表

树脂类型	优点	局限性	备注
聚氨酯（芳香族或脂肪族）	脂肪族聚氨酯，以其化学上优异的光泽、颜色和抗紫外线性而著称。根据多元醇反应物的不同，不同聚氨酯的性质存在很大区别。一般而言，聚氨酯的耐化学性和耐湿性与使用聚酰胺固化的环氧树脂相似，但是耐磨性更好	由于异氰酸酯反应的多功能性，特定涂料性质存在广泛的多样性。应尽量减少暴露在异氰酸酯环境中，以避免在持续暴露时可能产生哮喘呼吸状况敏感性。当暴露在潮湿环境中时，聚氨酯会释放二氧化碳，可能导致涂层在潮湿环境中产生气泡或起泡；另外，芳香族聚氨酯在紫外线照射下可能变暗或变黄	在腐蚀性环境中，脂肪族聚氨酯可广泛用作许多外部结构上的耐光面漆。脂肪族聚氨酯相对昂贵，但非常耐用。异氰酸酯可以与其他通用材料结合使用，以增强耐受化学、湿气、低温和磨损的能力
沥青	良好的防水性和紫外线稳定性。不会在阳光下破裂或降解。无毒，适合接触食品。耐浓度为30%的矿物盐和碱	仅黑色。对烃类溶剂、油、脂肪和部分有机溶剂的耐受性差。不具备煤焦油的防潮性。长时间暴露在干燥环境中、或温度高于150℃（300℉）时会变脆，在至40℃（100 F）的温度下会产生软化和流动	通常在大气环境中用作相对便宜的、不能使用煤焦油的涂层。相对便宜。最常见的用途是作为路面密封剂或屋顶涂料
水乳胶	能够耐受水温、化学烟雾和风化。耐碱性好。胶乳与大多数通用涂料类型兼容，可作为底涂层或面漆	必须在冰点以上进行存放。无法穿透白垩表面。对外部天气和化学物质的耐受能力不如溶剂或油基涂料。不适合用于浸泡环境	易于涂覆和清理。无毒溶剂。良好的混凝土和砖石密封剂，其原因是呼吸膜可允许水蒸气通过。可用作室内外涂料

续表

树脂类型	优点	局限性	备注
丙烯酸树脂	● 优异的光稳定性和紫外线稳定性、光泽度和保色性。良好的化学耐受性以及优异的大气风化耐受性。耐受化学烟雾，偶尔会产生轻微的化学物质飞溅和溢出 ● 粉化程度最低，长时间暴露在紫外线条件下几乎不会变暗	● 热塑性和水乳液丙烯酸树脂，不适合用于任何浸泡环境，或暴露在任何实质性的酸或碱性化学品环境中。在大气环境中，大多数丙烯酸涂料均可用作面漆 ● 丙烯酸乳液具有"水乳乳"中所描述的局限性	主要用途是光稳定性、光泽度和保色性。通过交联的方式，可以获得更高的耐化学性。交联丙烯酸树脂是最常见的汽车面漆。乳液丙烯酸树脂通常可用作混凝土砌块和砖石表面上的底漆，也可用于保护铝合金和其他有色金属合金
胺固化环氧树脂	对碱、大多数有机和无机酸、水和水盐溶液具有优异的耐受性。只要不进行连续润湿，耐溶剂性和对氧化剂的耐受性就很好。胺加合物（通过加成反应生成）具有略低的耐化学性和耐湿性	● 比其他环氧树脂更硬，更不灵活，在使用过程中不耐潮湿。如果暴露在紫外线下，涂层会产生粉化。强溶剂可以提升涂层性能 ● 耐温性：在潮湿条件中，可耐受 $105℃$（$225℉$）的温度；在干燥条件中，可耐受 $90℃$（$190℉$）的温度。在低于℃（$40℉$）的温度条件，不能固化；因此应在 72 h 内完成涂覆，以避免涂层脱落。最大性能要求固化时间约为 7 天	良好的耐化学性和耐候性。在环氧树脂系列中具有最佳的耐化学性。在钢和混凝土上附着性极好，广泛用于维护涂料和油罐衬里
酚类	在所有有机涂层中，具有最大的耐溶剂性。对脂肪族和芳香族烃、醇类、酯类、醚类、酮类和氯化溶剂具有优异的耐受性。在超市条件下，可耐受 $95℃$（$200℉$）的温度。无臭，无味，无毒；适合食用	必须在 $175\sim230℃$（$350\sim450℉$）的金属温度下进行烘烤。涂层必须以薄膜（约 0.025 mm）进行涂覆，并在涂层之间进行烘烤。需要多个薄涂层，以使来自缩合反应的水能够被除去。由于具有极强的耐溶剂性，固化涂层难以修补。对碱和强氧化剂的耐受性差	烘烤时会产生棕色，该颜色可用于指示交联程度。广泛用作储藏罐和发酵罐等食物制品的衬里。可用在热水浸泡环境中。可以用环氧树脂和其他树脂进行改性，以增强对水、化学和加热的耐受性

续表

树脂类型	优点	局限性	备注
有机富锌	由锌含量提供电偶保护,具有与有机黏合剂类似的化学防潮性	通常具有比无机富锌涂层更低的使用性能,但具有易于使用、表面制备误差小的特点,这使其越来越受欢迎	有机富锌在欧洲和远东地区得到了广泛应用,而在北美洲,无机富锌涂料则最为常见。有机黏结剂可以与面漆紧密相关(如环氧树脂面漆与环氧–富锌涂层),以形成更相容的体系。有机富锌涂料通常可用于修复镀锌或无机富锌涂料
无机富锌	可提供出色的长期保护,能够在中性和近中性大气中、以及部分浸泡环境中防止发生点腐蚀。耐磨性优异,耐干热性超过370℃(700°F)。水基无机硅酸盐可用于挥发性有机化合物受到限制的场合	由于其无机的性质,因此当用有机面漆进行面涂难以进行时,需要进行彻底的喷砂清洁表面制备。锌粉在 5~10 的 pH 值范围外是具有反应性的,并且在化学延误环境中需要涂覆面漆。应用难度较大;可能会在厚度超过 0.13 mm 时发生泥裂(由干燥引起的收缩而形成的不规则断裂)	• 硅酸乙酯富锌涂层是最常见的类型,需要对大气水分进行固化 • 广泛用作建筑和化学加工工业中桥梁、海上结构和钢材的底漆。也可用作汽车和造船行业的可焊接预制底漆。可用来消除点腐蚀

1. 腐蚀预防化合物

有机涂层系统通常被认为是可对金属进行长期保护的方法,而保护性临时有机材料也可以提供短期的防腐蚀保护。上述材料即称为腐蚀预防化合物。腐蚀预防化合物通常分为两类:水置换化合物和非水置换化合物。通常可用于保护涂层已经损坏、金属基材暴露的地方,直到可以重新涂覆涂层为止。腐蚀预防化合物可用于内部和外部表面,以防腐蚀发生。虽然某些腐蚀预防化合物看起来可能像是永久性薄膜,但通常可以使用适当的溶剂将其除去,并且不是长期的腐蚀解决方案。水置换化合物通常是透明或半透明的柔软油性化合物,但是部分化合物可形成坚硬的干膜。可以填充裂缝和裂缝,形成厚度小于 1 mm 的薄保护层。非水置换化合物通常是黏稠有色的，可以是硬的或软的，并且通常比水置换化合物能够使用更长的时间。一般采用擦拭、刷涂、喷涂或浸渍的方式，对腐蚀预防化合物进行涂覆。美军军用标准对三种最常见的腐蚀预防化合物进行了说明，分别是美军军用标准 MIL－C－16173、MIL－C－81309 和 MIL－C－85054。MIL－C－16173 是一种柔软的水置换化合物，可喷涂成棕色薄膜；MIL－C－81309 是一种非常薄的化合物，在干燥后可形成软膜；MIL－C－85054（也称为 Amlguard）在干燥后可形成坚硬和透明的薄膜，并且由于其卓越的保护能力而成为最常用的腐蚀预防化合物。部分较常见的腐蚀预防化合物如表 7－4 所列。

表 7－4 部分常见的腐蚀预防化合物

水置换（软）	水置换（硬）	非水置换（软）	非水置换（硬）
ACF－50 Ardrox 3107 Ardrox 3961Boeshield T－9 Cor－Ban 22 CorrosionX CRC Protector 100 CRC 3－36 Dinitrol AV8Mobilarma 245 LPS－2 LPS－3 WD40	AV－8 AMLGUARD（AML－350） Cor－Ban 35 VCI－368	Fluid Film NASLPS－3 Heavy Duty 抑制剂	Ardrox 3322 Dinol AV－30 Dinol AV－40 LPS Procyon ZipChem ZC－029

2. 橡胶

橡胶与大多数其他有机涂料不同，通常可用作管道或罐体的衬里材料，具有出色的耐水性。

7.3.4 涂层工艺

从简单到复杂，有多种涂层工艺可用于橡胶涂层涂覆，每种方法都拥有各自的优点和缺点。涂层的涂覆质量是至关重要的，因为如果涂层中存在任何缺陷或显著孔隙，都会导致严重的局部腐蚀。通常根据涂层类型（即金属、陶瓷、有机）、待涂覆基材类型、待涂覆表面积大小，以及是否存在任何环境法规或限制等因素，来选择涂层的涂覆方法。金属涂层的涂覆方法包括包覆、电沉积（电镀）、火焰喷涂、气相沉积，以及热浸镀。陶瓷涂层的应用方法包括扩散、喷涂和化学转换。有机涂层的应用方法包括刷涂、辊涂和喷涂。金属、无机和有机涂层的材料和涂覆方法，将在下文中予以说明。表 7－5 列出了与各种涂覆方法的部分优点和缺点。

表 7-5 各种涂覆方法的优点和缺点

涂覆方法	优点	缺点
电沉积	• 可从多种涂料中选择应用多样性，可用于多种组件 • 常用涂层方法 • 涂层是导电的，可以作为牺牲或阻隔涂层 • 涂层可以进行焊接，涂层厚度可以控制。与其他涂覆方法相比，基底可以使用电沉积涂层，以更容易成型	• 颜色局限性 • 部分基材可能不易接受涂层 • 涂层涂覆可能受到几何形状和非常大的部件的限制
化学镀	• 均匀沉积 • 孔隙率低 • 与电镀镍和硬铬相比，吸氢量更少 • 无（或压缩）残余应力 • 涂层具有润滑性 • 涂层可以进行焊接 • 硬度高于电镀涂层	
包覆层	• 基本上无孔隙	• 仅限用于简单的几何形状
热浸镀	• 可以对复杂几何形状进行涂覆 • 可耐机械损伤	• 涂层金属必须具有相对低的熔化温度
溅射	• 可以产生薄膜 • 附着力好 • 自动化程度高 • 高质量 • 均匀沉积	• 厚度有限 • 成本高 • 难以均匀涂覆基材
蒸发	• 需要与大多数金属一起使用	• 难以均匀涂覆基材 • 黏附力很小
化学气相沉积	• 可以沉积成厚而致密的薄膜 • 高质量 • 良好的黏附力 • 成本通常低于物理气相沉积	• 可能有残余应力 • 沉积可能需要高温 • 可能含有杂质 • 可用涂层数量有限

续表

涂覆方法	优点	缺点
热喷涂	• 优异的长期耐腐蚀性 • 维护需求最小 • 可以涂上厚涂层 • 优秀的可涂性 • 无热变形 • 可现场涂装	
刷涂	• 设备成本低 • 可在不规则表面区域附近形成高品质涂层 • 表面渗透性好	• 耗时 • 难以在大表面积上保持均匀性 • 可能会在表面留下刷痕或微小凹槽
辊涂	• 可用于大表面积 • 与刷涂相比，涂覆速度更快	• 表面渗透性差 • 过程比较慢 • 可能会在表面留下斑点纹理
喷涂	• 比刷涂和辊涂更快 • 可用于大表面积 • 可得到光滑均匀的涂层 • 具有良好的表面渗透性	• 涂料转移效率低 • 需要经验丰富的技术人员来涂装

1. 热浸镀

热浸镀是指将金属基材浸入熔融金属浴中完成涂层涂覆的过程，其中，熔融金属浴通常为铝、锌、锡或铅。由于涂覆涂层由熔融金属组成，因此金属涂层的熔化温度应相对较低。热浸镀可以是连续或间歇过程。热浸镀锌是最常见的金属涂层方法，是指在碳钢上施加很薄的锌层。锌层可为钢提供阴极保护，从而保护钢免受腐蚀的影响。图7-1显示了不同环境下热浸镀锌钢的使用寿命。

2. 电沉积

电沉积（也称为电镀）是一种在金属基底上沉积薄金属层，以增强金属表面性能（包括其耐腐蚀性）的方法。将金属基材置于含有溶解的金属离子的电解质溶液中，最终可完成涂层涂覆。电流在两个电极之间通过溶液，使离子沉积在阴极（金属基板）上，从而产生金属涂层。涂层特性取决于对加工参数的控制，具体包括温度、电流密度、停留时间和溶液的组成。通过改变加工参数的方式，可以改变涂层的物理和力学性能。涂层可以制成厚或薄，硬或软，或具有分

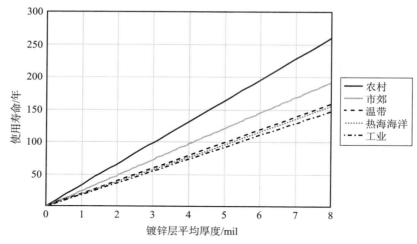

图 7-1 热镀锌涂层的使用寿命

层的组合物。各种金属均可作为电沉积涂层,包括铝、铬、铁、钴、镍、铜、锌、铑、钯、银、镉、铟、锡、铼、铂、金、铅、黄铜、青铜,以及其他许多其他合金。与所有的涂层涂覆方法一样,电沉积具有自身的优点和缺点。

3. 化学镀

化学镀镍类似于电沉积工艺,不同之处在于它不需要施加外部电流。这是一种化学还原过程,具体条件为:镍离子通过还原剂被吸附到基体金属的表面,该还原剂也存在于主溶液中。如果适当地保持加工条件,并且水溶液的成分是均匀的,即使基材具有复杂的几何形状,镍的沉积在基材的整个表面上也应该是均匀的。

4. 包覆层

通常作为阻隔涂层和牺牲涂层,金属包覆层可提供腐蚀防护性能。包层方法是通过压制、轧制或挤出的方式,在金属基板上形成薄的、基本上无孔隙的金属层。其优点在于,可将薄且昂贵的耐腐蚀材料用在廉价且较厚的金属片上,而不是使用耐腐蚀材料来制作整个物品。

5. 热喷涂

热喷涂是一种涂层工艺,原材料进料通过火焰熔化,并通过压缩气体喷射到基板上;当熔融的液滴/颗粒撞击基板时,原材料变平并黏附在表面上以形成涂层。该工艺是上述扁平颗粒的积聚,颗粒熔化熔化形成黏合涂层,黏附在基底上并覆盖整个表面,同时填充表面上的不规则区域。涂层和基材之间的黏合通常采用机械互锁或扩散,以及合金化的方法来形成。因此,基材的表面制备是涂层质量的重要方面。通常情况下，需要将表面进行粗糙化，以促成涂层和基材之间的良好机械黏合。热喷涂的方式包括火焰喷涂、电弧喷涂或等离子弧喷涂。

6. 物理气相沉积

现有数种涂层涂覆方法，均属于物理气相沉积类别，包括溅射、蒸发和离子镀。物理气相沉积工艺是轰击等离子体，以将金属沉积在基板的整个区域上。

7. 溅射

溅射是目标材料被气体离子轰击而形成原子喷射，并因此沉积到基板上的过程。表7-8给出了该方法的部分优点和缺点。

8. 蒸发

蒸发是一种相对简单的过程，是将金属进行蒸发，随后将金属蒸发物沉积在基板上。该方法所实现的沉积涂层的附着力是微不足道的，并且难以实现均匀涂覆。因此，蒸发方法通常不用于防腐应用。

9. 离子镀

离子镀是以下一种过程，即通过衬底上的电偏压将等离子体离子驱离，并在衬底上形成沉积。或者可以使用离子束沉积技术来进行涂层涂覆，其中等离子体离子轰击基板，以产生中性离子物质的成核位点。然后中性物质就可沉积在成核位点上，从而形成涂层。

10. 激光表面合金化

激光表面合金化是将待沉积的金属送入激光束中。激光束熔化金属并将其沉积在基板的表面上，在那里传递热量并形成强烈的冶金结合。

11. 化学气相沉积

化学气相沉积工艺是指使用化学方法涂覆基底，即通过反应前气体在金属基底上发生反应的方式。气体在腔室中进行混合，从而发生反应，然后送到另一个腔室中，并沉积到基板上。气体混合物在基板表面发生反应，并被加热以发生吸热反应，从而最终形成涂层。在此过程中，保持一个非污染系统是很重要的。

12. 刷涂

刷涂可能是最直观的涂层涂覆工艺，并可用于有机涂层涂覆。刷涂是一种手动方法，可以使用多种类型的刷子。选择合适类型的刷子并使用合适的刷毛是非常重要的，这样才可以生产出高质量的涂层。在为特定涂层应用选择刷子时，刷子尺寸、形状和刷毛类型都是非常重要的考虑因素。其原因是，选择劣质的刷子会导致涂层涂覆不均匀或不连续、流动、滴落，或其他不利特性。通常情况下，可使用标准壁刷将涂层涂覆到结构钢或类似表面上。椭圆形刷子可用于其他结构和船舶应用，也用于在铆钉、螺栓头、管道、栏杆，以及其他难以到达的区域。刷子通常由合成纤维（尼龙纤维）或天然纤维制成。使用具有合成刷毛的刷子的优点在于，它具有非常好的耐磨性并且易于在粗糙表面上使用，同时也比天然纤维的刷子便宜。合成刷毛的主要缺点之一是，可能对强溶剂（如酮类）敏感。天然刷毛更昂贵且对水敏感，但是对强溶剂具有良好的耐受性，并且能够实现更精细和均匀的涂层涂覆。刷涂方法的一个优点是，能够实现所谓的"条带化"。条带可用于在不规则区域周围进行涂层涂覆，上述区域不能通过喷涂或其他涂覆技术容易地实现。通常需要条带涂覆的区域包括边缘、铆钉、紧固件、拐角、螺栓头和焊缝。这是一种推荐的方法，因为该方法可以在上述不规则区域周围提供适当的涂层厚度，如果不使用该方法，则无法实现上述目的。但是，对于具有必须保持悬浮溶质的涂层，如富锌涂层，则不可使用条带涂覆的方法。在基材上特别多孔的表面区域，刷涂方法还可以实现完全的涂层渗透。刷涂方法的缺点是，与喷涂方法相比相对耗时。另外，当在大的表面区域上进行涂覆时，很难通过刷涂的方式来保持涂层厚度的均匀，因此对于具有大面积的部件或系统而言，刷涂不是一种实用的方法。此外，在刷涂涂层干燥后，表面可能具有刷痕或刷毛留下的微小凹槽，这通常只会损害外观而不是功能。使用刷涂方法的另一个缺点是，对于含有高固体含量的涂料以及快速干燥涂料而言，这是一种难以使用的技术。刷涂最常用于将油基或水基涂料涂覆到具有小或不规则区域的表面上。选择涂层涂覆的适当技术，可在最终产品中获得最佳的效果。同时，还应由经验丰富的专业人员或训练有素的技术人员在关键资产或组件上进行涂层涂覆。

13. 辊涂

辊涂是另一种手动涂层涂覆工艺，需要一个由芯辊和盖子组成的辊子组件来吸收和涂覆涂层材料。组件的直径和长度可以变化，并且涂覆材料的类型也很多。常见的涂覆材料包括涤纶、尼龙、马海毛和羊皮。当然，通常需要根据待涂覆的表面类型来选择覆盖材料。辊芯有管辊、栅栏辊和压力辊三种类型。正如其名称所示，管辊主要用于涂覆管道的表面。管道表面通常是波状外形的，需要辊子能够弯曲并覆盖表面。栅栏辊使用具有超长纤维长度的辊盖，这使其能够同时涂覆表面的两侧，例如栅栏线。压力辊则更为复杂，具有将涂料从加压罐输送到辊芯内部的进料管线。压力辊的核心是一种多孔材料，可允许涂层通过辊盖表面，从而实现涂层的连续涂覆。对于大而平坦表面涂覆而言，辊涂是一种良好的涂覆方法。其缺点是，将涂层渗透到多孔或裂缝表面更加困难，因此不推荐用于粗糙或不规则表面。辊涂可在光滑的表面上形成优质的精加工表面。辊涂的速度比刷涂更快，但比其他涂层方法（如喷涂）更慢。辊涂涂覆方法通常可用于油基涂料和水基涂料的涂覆，也可用于环氧树脂和聚氨酯涂料的涂覆。不建议使用此方法来涂覆以下涂层，即含有高固体含量、富锌涂层或高性能涂层，以及衬里涂层。与刷涂方法一样，使用适当的技术，可以在基材上形成均匀和高质量的涂层。

14. 喷涂

喷涂涂覆方法具有多种变化形式，包括高容量低压喷涂、无气喷涂、空气辅助无气喷涂、多组分喷涂，以及静电喷涂。常规喷涂仅使用压缩空气雾化涂层颗粒，并将它们推向基板。虽然简单，但涂层成功到达预期表面的效率很低，仅为25%~30%。常规喷涂可用于涂料涂覆，包括乳胶漆、清漆、污渍、密封剂、富锌混合物、醇酸树脂和环氧树脂。喷涂技术的一个优点是，它比刷涂和辊涂所需的时间少得多，因此可用于大表面区域的涂覆。与刷涂和辊涂相比，喷涂还可产生光滑且均匀的涂覆表面，并且不会留下刷痕、斑点痕迹或纹理外观。在涂覆涂层之前，喷涂设备也可用于清洁表面。喷涂可以产生高质量且光滑的表面。基底上的涂层沉积具有低效的特点，这是喷涂方法的一个缺点。喷涂可能比其他涂覆方法更慢。有时难以涂覆难以到达的区域，如边角和不规则表面。由于喷涂所需的设备比其他涂层方法更昂贵，因此必须在每次使用后进行清洁并妥善保养，以确保设备的耐用性。

高容量低压喷涂是一种喷涂技术，使用与常规喷涂大致相同量的压缩空气，但仅需要较小的压力来雾化涂料。这形成了较低速度的空气/涂料流，并因此将物料转移效率从约30%提高至高达70%。通过保留更多涂层材料的方式，有效地降低了涂层成本。高容量低压喷涂的不利方面是，与传统喷涂相比，涂覆等效表面积所需的涂覆时间更长。此外，由于低压要求，这种喷涂技术可能不适合涂覆更黏稠的涂层。

无气喷涂是另一种喷涂技术，使用流体泵对涂料进行加压，并推送到基材上。使用该技术的优点包括：良好的表面渗透能力（如裂缝、多孔表面），更好的不规则表面覆盖能力（如拐角、边缘），快速成膜、快速区域覆盖，以及可使用黏稠度更高的涂层材料。涂料转移效率通常为30%~50%。无气喷涂的一个缺点是，在现场很难对设备配置（例如：喷嘴、孔口）进行调节和改变。不能完成涂层材料雾化，也不能使用传统的喷涂方法。在无气喷涂中，如果不能正确地使用，则涂层将产生缺陷，如溶剂包封、空隙、流动、凹陷、针孔和皱纹。无气喷涂方法的一种变型是空气辅助无气喷涂，该方法结合了无气喷涂方法和传统喷涂方法的优点。例如，该方法可将传统喷涂的精细雾化能力，以及无气喷涂更好的生产和表面渗透特性结合在一起。该方法允许涂层材料先在没有空气的条件下进行雾化后，再与压缩空气射流结合，允许涂层材料在到达基材之前完成进一步雾化。这种组合方法适用于填充剂、釉料、清漆和聚氨酯。

多组分喷涂是一种复杂的涂覆方法，在涂层材料被推送到基材之前，完成涂料组分的立即混合。该方法用于高固含量涂料和固化时间短的涂料，如环氧树脂。该方法可以通过上述任何喷涂方法进行。该方法适用于聚酯、聚氨酯、乙烯基酯和环氧树脂。

静电喷涂也是利用上述各种雾化方法（常规、无气、空气辅助无气方法）的涂层涂覆方法。通过静电吸引的方式，该方法利用静电高压电源将雾化颗粒推送到基板上。该技术可用于涂覆不规则形状的基材，例如电缆、管道和栅栏。该方法的优点是，可提高涂层材料的转移效率，具有良好的涂覆率，并且具有良好的雾化性能。该方法的缺点是，在表面上的不规则形状物体附近，涂层具有不均匀沉积的趋势。此外，该方法还需要特殊配方的涂料。

在使用喷涂技术时，适当的涂覆技术是至关重要的，以便在基材上获得高质量且均匀的涂层。因此，涂覆人员需要具有必要的经验或训练以产生可接受的涂层结果，这是非常重要的。

7.4 阴极保护

阴极保护（Cathodic Protection，CP）是一种广泛使用的电化学方法，一般用于保护系统的结构或重要部件，使其免受腐蚀影响。阴极保护系统本质上是电化学电池，必须具有阴极、阳极、以及它们之间的电连接和电解质。阴极保护的原理是，通过向金属（阴极）提供电子来抑制金属（阴极）的溶解，从而实现腐蚀控制。然后，将腐蚀作用在阳极上，而不是金属上。由于这种保护方法需要电解质，因此对于空气或其他阳极-阴极之间电阻较大的环境而言，阴极保护系统无效。阴极保护主要有两类形式：主动和被动。主动阴极保护，也称为外加电流，需要使用外部电源。在这种类型的保护中，电源的负端连接到需要保护的金属，正端连接到惰性阳极。然而，惰性阳极通常不是金属的阳极，并且可以比金属更阴极。外加电流可确保电流流动，使金属可充当阴极，并因此防止发生腐蚀。此外，阳极通常不会被外加电流阴极保护系统中的腐蚀所消耗，其原因是该阳极不会发生典型的腐蚀反应。可以使用外加电流阴极保护来保护系统。如果电压太高，金属会发生氢脆（例如钢），或可能发生腐蚀加快的情况（例如铝）。

因此，应该正确确定系统条件，以优化保护。被动阴极保护系统比外加电流系统更加简单，主要是需要保护的金属与牺牲阳极进行电流耦合，牺牲阳极会首先发生腐蚀。这种类型系统中的阳极必须比金属更阳极，并且还必须在不钝化的条件下更加容易发生腐蚀，这样才能使系统有效。在某些情况下，必须在牺牲阳极消耗之后对其进行更换，以确保对机构的保护。表7-6列出了对主动和被动阴极保护系统特性的比较。

表7-6 牺牲阳极和外加电流阴极保护系统的比较

被动阴极保护	主动阴极保护
简单	复杂
低/无维护	需要维护
在导电电解质中效果最好	可在低电导率电解液中工作
安装设备更少，成本更低	可实现远程阳极
大型系统的成本更高	大型系统的成本更低
	可能导致以下问题： ● 杂散电流腐蚀 ● 氢脆 ● 涂层剥离 ● 铝的阴极腐蚀

数种阳极材料可用于阴极保护应用。对于被动阴极保护系统而言，通常使用镁、铝和锌。表7-7中列出了部分牺牲阳极的特征。此外，还有多种阳极可用于主动阴极保护系统，包括高硅铸铁、石墨、聚合物、贵金属、铅合金和陶瓷。表7-8列出了各种牺牲电流和外加电流阳极之间的消耗率对比。

表7-7 牺牲阳极的特征

牺牲阳极类型	密度/($lb \cdot in^{-3}$)	半电池电位与饱和电池电位/V	消耗率/($lb \cdot A^{-1} \cdot 年^{-1}$)	理论电流容量/($A \cdot h \cdot lb^{-1}$)	实际电流容量/($A \cdot h \cdot lb^{-1}$)	效率/%
锌	0.256	-1.04	25	372	355	95
铝/汞	0.100	-1.04	6.8	1 352	1 280	95
铝/铟	0.100	-1.08	7.6	1 352	1 150	85
铝/锡	0.100	-1.05	7.4	1 352	1 176	87

表 7-8　用于阴极保护的牺牲电流和外加电流阳极的比较

阳极	消耗率/(lb·A^{-1}·年$^{-1}$)
牺牲阳极	
镁	18
锌	25
铝锡	16~20
铝锌锡	7.4~20.8
铝锌铟	8~11.5
铝锌汞	6.8~7
外加电流阳极	
废钢	20
铝	10~12
石墨	0.25~5
高硅铁和硅铬铁	0.25~1
铅	0.1~0.25
铂金钛	0
铅-6锑-1银	0.1~0.2

外加电流阴极保护有时是不实用的，例如当金属处于极端腐蚀的环境中时，这将需要过高的电流。因此，阴极保护有时需要与其他保护方法结合使用，以提高保护水平并避免产生不切实际的系统。例如，管道通常涂有有机涂层，并且需要使用阴极保护对涂层的弱点或缺陷加以保护，以使结构免受腐蚀影响。

阴极保护（特别是主动阴极保护）的显著缺点是，可能对附近的系统或结构产生杂散电流效应。在阴极保护系统的金属部件或结构附近，可产生杂散电流，从而导致金属部件或系统加速腐蚀，如图 7-2 所示。阴极保护系统通常需要由专门从事该领域的公司来进行设计和实施。选择正确的系统然后进行正确的设计并不是一个简单的过程，通常需要专家知识来确定在特定环境中对于特定系统最好的选择是什么。因此，通常建议与专业公司签订合同，或至少对上述工作进行必要的咨询。

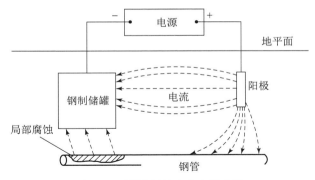

图 7-2 阴极保护产生杂散电流

7.5 阳极保护

阳极保护是一种腐蚀控制方法,与阴极保护相比,使用频率较低。顾名思义,阳极保护是通过对系统中的阳极电极——而不是阴极保护系统中的阴极电极——进行保护的方式来免受腐蚀。然而,阳极保护与阴极保护的基本原理并不完全相似。从本质上来说,阳极保护不是像阴极保护中那样需要将要保护金属的腐蚀电位转移到阳极材料上,而是对要保护的金属进行钝化。通过在金属表面上施加电流的方式,阳极保护可形成钝化膜。一旦形成这种薄膜,就可起到保护金属免于溶解的作用,并且薄膜本身几乎不溶于其形成的环境中。钝化可导致金属变得非常不活跃,因此非常耐腐蚀。这种腐蚀控制方法的局限性在于,并非每种金属都能以这种方式得到保护,只有特定环境中的某些金属才能进行阳极保护。可进行阳极保护的金属和溶液,如表 7-9 所列。

表 7-9 能够进行阳极保护的金属和溶液

溶液	金属
硫酸	钢
磷酸	不锈钢
硝酸	镍
硝酸盐溶液	镍合金
氨水	铬
有机酸	
苛性碱溶液	

阳极保护需要三个电极，一个电位控制器（恒电位仪）和一个电源。必要的电极是阴极、参比电极和阳极。参比电极负责对阳极电压进行监测，必须保持适当的保护并避免加速腐蚀，因此非常重要。阴极应具有抗溶解性，可以是黄铜、钢、硅铸铁、铜、不锈钢或镀镍钢等的铂金。电位控制器负责对阳极电位进行主动控制。阳极保护的一个显著优点是，在钝化膜形成之后，维持该保护膜所需的电流量非常小。另一个优点是，施加电流与受保护金属的腐蚀率相当。这就允许对受保护金属的瞬时腐蚀率进行测量，而阴极保护则无法实现。此外，在弱强腐蚀性介质中，阳极保护也是有效的。此外，通过实验室规模的试验，阳极保护系统的工作条件可以准确地进行测定，而对于阴极保护而言，则几乎不存在科学程序。表 7-10 列出了对阳极保护和阴极保护方法的一般比较。

表 7-10 阳极保护和阴极保护的比较

保护方法 内容 对比项目	阳极保护	阴极保护
金属	仅可用于主动钝化的金属	可用于所有金属
腐蚀物	用于弱腐蚀性或强腐蚀性均可	用于弱腐蚀性或一般腐蚀性均可
初始涂覆	相对成本较高	相对成本较低
后期运行	运行成本非常低	运行成本中到高
涂覆功率	非常高	低
外加电流的作用	通常可对受保护金属的腐蚀率进行直接测量	不易表示腐蚀率
工作环境	可以通过电化学测量的方式，准确快速地测定	通常必须使用经验测试的方式来确定

涂覆功率表示所需电流密度的分布均匀性。为了实现均匀的保护（例如，投送功率较低），则需要将电极紧密地放置在一起；反之，如果投送功率较高，则可以将电极放置得更远一些。例如，在阳极保护中，单个阴极可以保护更宽的金属区域，其原因是它具有较高的投送能力。

参考文献

[1] 舒马赫 M. 海水腐蚀手册[M]. 李大超,杨萌译. 北京:国防工业出版社,1985.8.

[2] ZARASVAND K A, RAI V R. Microorganisms: inductionand inhibition of corrosion in metals[J]. International biodeterioration & biodegradation, 2014, 87: 66 - 74.

[3] B. L. Stuck. Technical Report[R]. Sovereign Chemical Company, 1995.

[4] Tan Y. Heterogeneous electrode processes and localized corrosion[M]. Hoboken: John Wiley & Sons, Inc. , 2013.

[5] J. S. Dick. Rubber Technology: compounding and testing for performance[M]. München: Hanser Publishers, 2001: 453.

[6] Philip S. Bailey. Ozonation in organic chemistry Volume 39-I: Olefinic Compounds[M]. Pittsburgh: Academic Press, 1978.

[7] W. Hofmann. Rubber Technology Handbook[M]. München: Hanser Publishers, 1989.

[8] Gutman E M. Mechanochemistry of Materials[M]. Cambridge: Cambridge International Science Publishing, 1998.

[9] ISO 1431 - 1′89. Resistance to ozone under static strain[S]. 1989.

[10] ISO 1431 - 2′82. Resistance to ozone under dynamic strain[S]. 1982.

[11] D. J. De Renzo. Corrosion resistant materials handbook (Fourth Edition)[M]. New Jersey: Noyes Data Corporation Rark Ridge. 1985.

[12] 刘贵民,杜军. 装备失效分析技术[M]. 北京:国防工业出版社,2012.

[13] 王保成. 材料腐蚀与防护[M]. 北京:北京大学出版社,2012.

[14] 方志刚. 铝合金防腐蚀技术问答 [M]. 北京：化学工业出版社，2012.

[15] 中国科学技术学会. 材料腐蚀学科发展报告 [R]. 北京：中国科学技术出版社，2011-2012.

[16] BHANDARI J, KHAN F, ABBASSI R, et al. Modelling of pitting corrosion in marine and offshore steel struc-tures—A technical review [J]. Journal of loss prevention in the process industries, 2015, 37: 39-62.

[17] KawanaA, Ichimura H, Iwata Y, et al. Development of PVD ceramic coatings for valve seats [J]. Surface and Coatings Technology, 1996, 86-87: 212-217.

[18] SCHüTZ M K, SCHLEGEL M L, LIBERT M, et al. Impact of iron-reducing bacteria on the corrosion rate of carbon steel under simulated geological disposal conditions [J]. Environmental science & technology, 2015, 49 (12): 7483-7490.

[19] Fitzpatrick, G. L., Thome, D. K., Skaugset, R. L., Shih, E. Y. & Shih, W. C. Novel eddy current field modulation of magneto-optic garnet films for real-time imaging of fatigue cracks and hidden corrosion [C]. Proceedings of SPIE The International Society for Optical Engineering, USA：International Society for Optical Engineering, 1993, 2001: 210-222

[20] 冯立超，贺毅强，乔斌等. 金属及合金在海洋环境中的腐蚀与防护 [J]. 热加工工艺，2013，42 (24): 13-17.

[21] YUAN S J, LIANG B, ZHAO Y, et al. Surface chemistry and corrosion behaviour of 304 stainless steel in simulated seawater containing inorganic sulphide and sulphate-reducing bacteria [J]. Corrosion science, 2013, 74: 353-366.

[22] BRIOUKHANOV A L, NETRUSOV A I. Aerotolerance of strictly anaerobic microorganisms and factors of defense against oxidative stress: A review [J]. Applied biochemistry and microbiology, 2007, 43 (6): 567-582.

[23] LOTO C A. Microbiological corrosion: mechanism, control and impact—A review [J]. The international journal of advanced manufacturing technology, 2017, 92: 4241-4252.

[24] GJB 150.11A—2009，军用装备实验室环境试验方法第11部分：盐雾试验 [S].

[25] GJB 1720—1993，异种金属的腐蚀与防护 [S].

[26] Levin B, Vecchio K, Dupont J, et al. Modeling solid-particle erosion of ductile alloys [J]. Metallurgical and Materials TransactionsA, 1999, 30 (7): 1763 – 1774.

[27] SKOVHUS T L, ECKERT R B, RODRIGUES E. Management and control of microbiologically influenced corrosion (mic) in the oil and gas industry-overview and a north sea case study [J]. Journal of biotechnology, 2017, 256: 31 – 45.

[28] Swad ba L, Formanek B, Gabriel H, et al. Erosion- and corrosion-resistant coatings for aircraft compressor blades [J]. Surface and Coatings Technology, 1993, 62 (1): 486 – 492.

[29] LIU H W, GU T Y, ASIF M, et al. The corrosion behavior and mechanism of carbon steel induced by extracellular polymeric substances of iron-oxidizing bacteria [J]. Corrosion science, 2017, 114: 102 – 111.

[30] ANTONY P J, CHONGDAR S, KUMAR P, et al. Corrosion of 2205 duplex stainless steel in chloride medium containing sulfate-reducing bacteria [J]. Electrochimica acta, 2007, 52: 3985 – 3994.

[31] JAVED M A, STODDART P R, WADE S A. Corrosion of carbon steel by sulphate reducing bacteria: Initial attachment and the role of ferrous ions [J]. Corrosion science, 2015, 93: 48 – 57.

[32] BAIRI L R, GEORGE R P, MUDALI U K, Microbially induced corrosion of D9 stainless steel-zirconium metal waste form alloy under simulated geological repository [J]. Corrosion science, 2012, 61: 19 – 27.

[33] WIENER M S, SALAS B V. Corrosion of the marine infrastructure inpolluted seaports [J]. Corrosion engineering, science and technology, 2005, 40 (2): 137 – 142.

[34] JEBARAJ A V, AJAYKUMAR L, DEEPAK C R, et al. Weldability, machinability and surfacing of commercial duplex stainless steel AISI2205 for marine applications—A recent review [J]. Journal of advanced research, 2017, 8: 183 – 199.

[35] Chipatecua Y, Olaya J, Arias D. Corrosion behaviour of CrN/Cr multilayers on stainless steel deposited by unbalanced magnetron sputtering [J]. Vacuum, 2012, 86 (9): 1393 – 1401.

[36] Cho C, Lee Y. Wear-life evaluation of CrN-coated steels using acoustic emission signals [J]. Surface and Coatings Technology, 2000, 127 (1): 59 – 65.

[37] Mathiesen T, Osvoll H, Mohseni P. Preventing Galvanic Corrosion in Drilling Risers and Subsea Equipment [A]. Eurocorr 2016 [C]. Montpellier: Force Technology, 2016. 1 – 16.

[38] Choi Y S, Shim J J, Kim J G. Corrosion Behavior of Low Alloy Steels Containing Cr, Co and W in Synthetic Potable Water [J]. Materials Science and Engineering: A, 2004, 385 (1 – 2): 148 – 156.

[39] Herman H. Thermal Spray: Current Status and Future Trends [J]. Mrs Bulletin, 2000, 25 (7): 17 – 25.

[40] Lima R, Marple B. Thermal Spray Coatings Engineered from Nanostructured Ceramic Agglomerated Powders for Structural, Thermal Barrier and Biomedical Applications [J]. Journal of Thermal Spray Technology, 2007, 16 (16): 40 – 63.

[41] Faisal M. Alabbas B. M. The 8 th Pacific Rim Microbiologically influenced corrosion of pipelines in the oil&gas industry [C]. International Congress on Advanced Materials and Processing, 2013.

[42] Hemblade B. Electical resistance sensor and apparatus for monitoring corrosion [P]. US, 6946855 B1, 2005, 9, 20.

[43] Kouril M., Prosek T., Scheffel B., et al. High sensitivity electrical resistance sensors for indoor corrosion monitoring [J]. Corrosion Engineering, Science and Technology, 2013, 48 (4): 282 – 287.

[44] Prosek T., Taube M., Dubois F., et al. Application of automated electrical resistance sensors for measurement of corrosion rate of copper, bronze and iron in model indoor atmospheres containing short-chain volatile carboxylic acids [J]. Corrosion Science, 2014, 87: 376 – 382.

[45] Packer, M. E. Application of image processing to the detection of corrosion by radiography [C]. World Conference on Non-Destructive Test, 9th, Australia: World Conference on Non-Destructive 1979. 4D – 7.

[46] Jernberg, P. Corrosion evaluation of coated sheet metal by means of thermography and image analysis [C]. Proceedings of SPIE The International Society for Optical Engineering, USA: International Society for Optical Engineering, 1991, 1467: 295 – 302.

[47] Dias, A. F., Araujo, A. de A. &Crispim, V. R. Aluminum corrosion detection by using a neutron radiographic image analyzer [C]. IEEE International

Conference on Image Processing, USA: IEEE, 1994, 2: 316-320.

[48] Florian Mansfeld, Brenda Little. A Technical Review of Electrochemical Techniques Applied to Microbiologically Influenced Corrosion [J]. Corros. Sci., 1991, 32 (3): 247-272.

[49] R. Cottis, S. Turgoose, Analysis of electrochemical impedance spectroscopy data, in: B. C. Syrett (Ed,), Corrosion testing made easy: Electrochemical Impedance and Noise Analysis, NACE International [M]. Houston, TX, 1999.

[50] Smith, F., Development and Plant Corrosion Monitoring With Mechanically Sealed Probes [C]. On Line Surveillancl and Monitoring of Process Plant, 1977: 22.

[51] Gao, G., Stott, F. H., Dawson, J. L., and Farrell, D. M. Electrochemical Monitoring of High-Temperature Molten-Salt Corrosion [J]. Oxidation of Metals, 1990, 33 (1): 79-94.

[52] Liu X, Chu PK, Ding C. Surface modification of titanium, titanium alloys, and related materials for biomedical applications [J]. Materials Science & Engineering R Reports, 2004, 47 (3-4): 49-121.